学前教育专业规划教材

学前心理学

XUEQIAN XINLIXUE

主　编　张　骞
副主编　熊定永　卢　艳　张入川　喻生华
编　委　李欢欢　刘　聪　李　燕　黄俊婉
林嘉慧　黄　琳　邓丽芬　杨　鹭

西南大学出版社
SWUP　国家一级出版社　全国百佳图书出版单位

图书在版编目(CIP)数据

学前心理学 / 张骞主编. — 重庆 : 西南师范大学出版社, 2018.5(2022.8重印)

ISBN 978-7-5621-9258-9

Ⅰ. ①学… Ⅱ. ①张… Ⅲ. ①学前儿童—儿童心理学 Ⅳ. ①B844.12

中国版本图书馆CIP数据核字(2018)第098797号

学前心理学

XUEQIAN XINLIXUE

张骞 主编

总 策 划：杨景罡 钟小族

执行策划：熊家艳 周明琼 翟腾飞

责任编辑：曾 文

装帧设计：尚品视觉 CASTALY 周 娟 钟 琛 何欢欢

排 版：夏 洁

出版发行：西南大学出版社（原西南师范大学出版社）

地址：重庆市北碚区天生路2号

市场营销部：023-68868624

邮编：400715

印 刷：重庆紫石东南印务有限公司

幅面尺寸：185mm×260mm

印 张：15

字 数：290千字

版 次：2018年7月 第1版

印 次：2022年8月 第4次印刷

书 号：ISBN 978-7-5621-9258-9

定 价：39.00元

学前教育专业规划教材

ZONGXU 总序

党的十九大报告指出,我国社会主要矛盾已经转化为人民日益增长的美好生活需要和不平衡不充分的发展之间的矛盾。在学前教育领域,就是人们日益增长的对高质量学前教育的需要和学前教育质量不平衡不充分发展之间的矛盾。目前幼儿教师的专业性薄弱成为制约学前教育发展的关键因素。为了满足社会对优质学前教育人才的需要,我国必须建立健全应用型学前人才培养机制。2010年,《国务院关于当前发展学前教育的若干意见》中指出"师资队伍不健全"是学前教育薄弱环节的主要表现之一,提出要"完善学前教育师资培养体系";2014年,《国务院关于加快发展现代职业教育的决定》再次强调:"在学前教育、护理、健康服务、社区服务等领域,健全对初中毕业生实行中高职贯通培养的考试招生办法。"可见,师资培养已经成为当前学前教育发展的重中之重。

教材建设是幼儿教师教育改革的重要环节,直接影响着未来幼儿教师的专业素养。我们立足于学前教育师资培养的实际,着眼于夯实学生的基本理论和基本能力,培养符合时代要求、具有良好专业素养的新型幼儿教师,力求体现时代性、科学性和实践性,组织编写了本套教材。教材的特色体现在以下几个方面:

1.编写队伍上,阵容强大,经验丰富

本套教材的主编、副主编及参编人员来自各级各类院校、教研机构以及一线名园,均长期从事相关专业工作,有着扎实的理论基础和丰富的实践经验。

2.内容选择上，以生为本，适应学情

教材编写强调以学生为中心，融合“教材即学材”的理念，符合职业教育的培养目标与学生认知规律，适应学生的学习能力和自主学习的需要。

3.呈现形式上，创新模式，易教利学

融入多种板块（如学习目标、学习重难点、知识结构图、案例导入、本章小结、思考与练习）和学习材料（资料链接、人物介绍、拓展阅读），部分学科采取以项目执行来设置教学单元，增强了可读性，易教利学。

4.配套资源上，立体建设，拓展资源

配合教学中的教、学、做、测各环节，采用不同的技术手段，开发了多样的教学资源，具体包括PPT、典型案例、题库、名师名课视频等等，为教学提供全面支持。

总之，本系列教材注意了课程结构，反映了各门课程结构之间的联系和衔接，内容分配合理，既相互联系又相互区别，在帮助学生尽快掌握幼儿教育的基本理论和从事幼儿教育工作最基本的工作技能等方面做了有益的探索。

最后，要感谢参与本系列教材编写和审稿的各位老师所付出的大量辛勤劳动，也要感谢西南师范大学出版社职业教育分社的编辑们对本系列教材的支持和编辑工作。由于编写时间紧、人员能力有限等原因，本套教材还存在一些不足。在使用本教材的教师和学生的关心和帮助下，我们会不断改进和完善这套教材，促进我国学前教育专业的教学改革和课程建设，提高人才培养质量，进而促进学前教育质量的提升。

杨晓萍

2018年6月

QIANYAN 前言

学前心理学作为心理学的一门分支学科，已成为自20世纪以来发展最为迅速、应用最为广泛的心理学分支，它对当代学前儿童科学保教工作有重要影响。本书的任务是介绍学前儿童心理发展的基本理论和基础知识，力求贯彻理论联系实际的原则：一方面，在阐述基本理论时，注重介绍研究学前儿童心理的方法，除专设“方法”一章外，其他各章也介绍了相关的研究方法；另一方面，在阐述学前儿童心理发展的基本规律和各年龄阶段儿童心理发展的特征时，注重根据心理发展规律和特征得出教育结论。

“学前心理学”是高校学前教育专业学生的必修课，是学前教育工作者必备的专业基础知识。这门课程阐述了学前儿童心理发展的科学知识，使学习者日后从事幼教工作时能够更好地贯彻教育方针、完成教育任务。学前心理学是一门科学，它研究学前儿童心理发展的特点、规律和理论，为幼儿教育、幼儿保健等工作提供心理学依据。本书系高等院校学前心理学的通用教材，共十章，通过对学前儿童的注意、感知、想象、言语、思维、情感、意志、个性等心理现象的介绍和分析，详尽阐明了学前儿童的心理特点和发展规律；同时，尽可能反映出当前心理学的研究动态。

本书的编写是在西南大学教育学部张骞副教授的主持下完成，是各编写成员通力协作、集体智慧的结晶。具体分工如下：第一章（卢艳，张骞，眉山职业技术学院，西南大学）、第二章（李燕，杨鹭，西南大学）、第三章（熊定永，四川工业职业学院）、第四章（李欢欢，重庆幼儿师范高等专科学校）、第五章（刘聪，四川幼儿师范高等专科学校）、第六章（林嘉慧，张骞，西南大学）、第七章（黄俊婉，张骞，西南大学）、第八章（黄琳，张骞，西南大学）、第九章（张入川，四川幼儿师范高等专科学校）、第十章（喻升华，邓丽芬，南昌航空大学）。

本书主要适用于学前教育专业本科生、专科生的教育教学，对广大幼教工作者和幼儿家长，亦具学习参考价值。

限于编者水平，书中存在不足之处在所难免，恳请各位专家和广大读者批评指正。

张 骞

2018年3月于西南大学教育学部

MULU 目录

第 1 章

婴幼儿发展概述

《小人国》中池亦洋身材高大，强健有力，连续抢了栋栋的棍子、打哭佳佳，家长纷纷要求开除这个孩子，但是大李老师请求家长们给她一段时间改造池亦洋，并认为池亦洋给其他的男孩子树立了男性的榜样。在大李的耐心教育和关爱下，我们看到了池亦洋的转变，池亦洋挺身而出，迅速而公正地解决了佳佳和栋栋的矛盾，带领一群小男孩进行军事训练，升国旗，唱国歌，俨然一位小将军。

池亦洋为什么会有如此大的改变呢？大李老师是怎么做到的呢？本章的学习，将解答我们的疑惑，让我们更加了解婴幼儿发展特点和影响因素，并能够初步根据婴幼儿的行为特点采取恰当的教育措施，帮助孩子健康快乐成长。

【学习目标】

知识目标：

1.了解婴幼儿发展的含义与特点；

2.掌握婴幼儿发展的过程；

3.掌握婴幼儿心理发展的影响因素。

技能目标：

1.学会判断婴幼儿心理发展的影响因素；

2.能够根据实际情况分析婴幼儿的心理发展特点。

【学习重难点】

1.掌握婴幼儿心理发展特点；

2.掌握婴幼儿心理发展的影响因素。

【知识结构图】

- 婴幼儿发展概述
  - 婴幼儿发展的含义
    - 婴幼儿发展的特点
    - 科学认识婴幼儿发展的意义
  - 婴幼儿发展的过程
    - 婴幼儿发展的总趋势
    - 婴幼儿发展的过程（阶段）划分
  - 婴幼儿发展的影响因素
    - 客观因素
    - 主观因素

第一节
婴幼儿发展的含义

一、婴幼儿发展的特点

婴幼儿发展的特点是指幼儿在成长过程中身体(生理)和心理发展的特点与规律。可见,婴幼儿的发展包括身体发育与心理发展。身体发育是指婴幼儿器官的生长发育,心理发展是指婴幼儿认知、情感、意志和个性的发展。婴幼儿的身心发展具有如下特点。

(一)发展具有方向性和顺序性

婴幼儿的心理发展具有一定的方向性和顺序性,既不能逾越,也不会逆向发展,按由低级到高级、由简单到复杂的固定顺序进行。例如,儿童言语的发展,总是从"咿呀"发音开始,再学会说一些简单的词,最后才能用准确的语言与他人交流;儿童身体发育遵循着自上而下的顺序,动作发展的头尾律、近远律和大小律也显示了顺序性的特征。

(二)发展具有连续性和阶段性

连续性指婴幼儿的心理发展是一个连续的过程,发展是循序渐进,量变引起质变的过程。比如,儿童学走路,从爬行开始,到能独自站立,扶着走,最后放开手独立走,从最初的跌跌撞撞到能够自如地走路,是一个质变的过程。发展中的大的质变,意味着心理发展到一个新的阶段。阶段性是指在儿童发展的各个不同年龄阶段中所形成的一般的、典型的、本质的心理特征。比如,婴幼儿对词汇的掌握,婴幼儿最初可能把猫理解成自己家的猫、毛绒玩具,逐步才能掌握猫这个词的具体含义。婴幼儿心理发展的连续性和阶段性不是绝对对立的,而是辩证统一的。在连续发展过程中的重大质变，构成了发展的阶段性，阶段特征之间的交叉又体现了发展的连续性。

（三）发展具有不平衡性和个体差异性

婴幼儿心理发展的不平衡性和差异性表现在：不同年龄阶段的心理发展，具有不同的发展速度；不同的心理过程，具有不同的发展速度；不同的儿童，具有不同的发展速度。在发展的过程中，涉及几个重要的概念：即关键期、转折期和最近发展区等。

1. 关键期

也称敏感期或临界期，这一概念最初是由奥地利的生物学家洛伦兹从动物行为研究中提出来的。关键期是指儿童心理发展过程中某种特征的形成，或者儿童某种能力的发展，在某一个时期容易出现，过了这个时期，就难以产生。一些研究认为，2~3 岁是口语发展的关键期，4 岁是图形知觉发展的关键期，4~5 岁是学习书面语言的关键期。幼儿即使错过了关键期，有的能力经过补偿性学习仍有可能获得，只是难度更大。

2. 转折期

也有人称危机期，是指在儿童心理发展的两个阶段之间，会出现心理发展的短期内突然急剧变化的情况，儿童心理常常发生紊乱，表现出各种否定和抗拒的行为，如常与人发生冲突、违抗成人的要求等。但是儿童心理发展的转折期，并非一定出现危机。有人认为，3 岁、7 岁、11~12 岁都是发展的“危机年龄”，3 岁儿童常常表现出各种反抗行为和执拗现象。

【真题链接】

（2017 年下半年）儿童满周岁的时候，虽然走路还很不稳，晃晃悠悠，但坚持要自己走，到处钻，不再像以前那样顺从成人的指挥，这是因为儿童正处于心理发展的（　　）。

A.敏感期　　B.关键期　　C.最佳期　　D.转折期

D【解析】在儿童心理发展的两个阶段之间，会出现心理发展的短期内突然急剧变化的情况，称儿童心理发展的转折期。题干中幼儿刚满周岁时，突然变得不再顺从成人，正因为其处于心理发展的转折期。

3. 最近发展区

最近发展区是由苏联教育家维果茨基提出来的。他认为学生的发展有两种水平：一种是学生的现有水平，指独立活动时所能达到的解决问题的水平；另一种是学生可能的发展水平，也就是通过教学所能达到的水平。两者之间的差异就是最近发展区。维果茨基强调教学不能只适应学生的现有水平，而应着眼于学生的最近发展区，为学生提供带有难度的内容，加强对学生的指导，发挥学生的潜能，超越其最近发展区，在此基础上进入下一个发展区。

【真题链接】

（2016年上半年）教师拟定教育活动目标时，以幼儿现有发展水平与可以达到水平之间的距离为依据，这种做法体现的是（　　）。

A.维果茨基的最近发展区理论　　B.班杜拉的观察学习理论

C.皮亚杰的认知发展理论　　D.布鲁纳的发现教学法

A**【解析】**最近发展区理论是由苏联教育家维果茨基提出来的，指学生现有水平与可能的发展水平之间的差异。

（2016年下半年）教师要依据幼儿的个体差异表现进行教育，下列现象，不属于幼儿个体差异表现的是（　　）。

A.某幼儿平常吃饭很慢，今天为了得到老师表扬，吃得很快

B.有的幼儿吃饭快，有的幼儿吃饭慢

C.某幼儿动手能力强，但语言能力弱于同龄儿童

D.男孩通常比女孩表现出更多的身体攻击性行为

A**【解析】**个性差异是个体在稳定的心理特点上的差异。幼儿个别差异指幼儿在幼儿园学习与教学情景下，在性别、智力、认知方式及性格等方面的差别。

二、科学认识婴幼儿发展的意义

1. 掌握婴幼儿认知发展规律的基本知识

幼教工作者掌握了幼儿认知发展的规律和各年龄阶段认知发展的水平和特点后，可以以此为依据来确定适当的教育内容、教育方法，同时可以把日常工作实践中所积累的印象系统化，达到既“知其然”，又“知其所以然”，按照客观规律

引导婴幼儿心理的发展，尽量避免盲目性，提高工作的成效。

2. 促进辩证唯物主义世界观和正确的儿童观、教育观的形成与巩固

学习学前儿童发展心理学，有助于幼教工作者树立科学的世界观和儿童发展观，明白学前儿童的心理处于动态发展中，既能适时适当地对幼儿提出发展的要求和目标，又能动态评价幼儿，因材施教，促进幼儿的发展与提高。

3. 增强对学前儿童的兴趣和感情，巩固投身学前教育事业的决心

有的幼儿老师在学习学前儿童心理学之前，总是为不能完成教育任务而苦恼，甚至认为幼儿故意和自己捣乱，但是在了解了幼儿发展的特点和规律后，会学会欣赏幼儿的积极性与主动性，和幼儿建立深厚的感情。

思考与练习

1.你认为人的心理发展有没有关键期或敏感期？人类所有能力的发展是否都存在一个关键期？能举例证明你的观点么？

2.倘若存在心理发展关键期，它对早期教育有什么意义？

第二节
婴幼儿发展的过程

一、婴幼儿发展的总趋势

学前儿童心理发展的总趋势:从简单到复杂,从被动到主动,从具体到抽象,从零乱到成体系。

(一)从简单到复杂

儿童最初的心理活动,只是非常简单的反射活动,以后越来越复杂。这种发展趋势又表现在两个方面。

1. 从不完备到完备

儿童的各种心理在出生的时候并非已经齐全,而是在发展过程中先后形成的。比如,头几个月的孩子不会说话,1岁半之后才开始真正掌握语言,与此同时,逐渐出现想象和思维。各种心理过程出现和形成的次序,服从由简单到复杂的发展规律。

2. 从笼统到分化

儿童最初的心理活动是笼统而不分化的。无论是认识活动还是情绪,发展趋势都是从混沌到分化。也可以说,最初是简单和单一的,后来逐渐复杂和多样化。例如:最初婴儿的情绪只有笼统的喜怒之别,以后几年才逐渐分化出愉快和喜爱、惊奇、厌恶以及妒忌等各种各样的情绪。

(二)从被动到主动

儿童心理活动最初是被动的,心理活动的主动性是后来才发展起来的,并逐渐提高，至成人阶段可具有极大的主观能动性。儿童心理发展的这种趋势主要表现在两个方面。

1. 从无意向有意发展

所谓无意的或称不随意的心理活动，是指直接受外来影响支配的心理活动。有意的或称随意的心理活动，是指由自己的意识控制的心理活动。新生儿原始的动作是本能的反射活动，完全是无意的。到了儿童期，儿童出现自己能够意识到的、有自觉目的的心理活动，然后发展到不仅能意识到活动目的，还能够意识到自己心理活动的过程。

2. 从主要受生理制约发展到自己主动调节

儿童的心理活动，很多受生理局限，比如儿童初期情绪外露无遗，自制力差，都和他们的生理未发育成熟有直接关系。随着生理的成熟，生理对心理活动的限制作用逐渐减少，心理活动的主动性也渐渐增强。比如儿童末期，儿童虽然身体不适，但是由于演出任务需要，能够克服困难，集中注意力，完成任务。

(三)从具体到抽象

儿童的心理活动最初是非常具体的，以后越来越抽象和概括。比如，儿童认为“儿子”总是小孩，他不理解“长了胡子的叔叔”怎么能是儿子呢。整个学前期儿童思维都处于具体形象阶段，直到学前末期成人典型的思维方式——抽象逻辑思维才开始萌芽。

(四)从零乱到成体系

儿童的心理活动最初是零散杂乱的，心理活动之间缺乏有机的联系。比如，幼小儿童一会儿哭，一会儿笑，一会儿说东，一会儿说西，都是心理活动没有形成体系的表现。正因为不成体系，心理活动非常容易变化。

【真题链接】

(2013年上半年)适合幼儿发展的内涵是指(　　)。

A.追随幼儿的兴趣　　B.任其自由发展

C.跟随幼儿的发展　　D.适合幼儿发展规律与特点

D**【解析】**适合幼儿发展的内涵是指适合幼儿发展规律与特点，实施适合幼儿发展的教育。即教育对幼儿有一定挑战性，又符合幼儿现有的认知经验范畴，让幼儿在已有基础上通过努力能够达到。即“跳一跳才能摘到果子”。

二、婴幼儿发展的过程（阶段）划分

学前儿童发展主要研究对象的年龄在0~6岁，年龄是心理发展的指标，儿童心理的发展在年龄上呈现着一定的阶段性，根据我国目前的国情和心理学研究资料，整个学前期的年龄阶段为0~6岁，本章将儿童的心理发展划分为三个时期，乳儿期（0~1岁）、婴儿期（1~3岁）和幼儿期（3~6岁）（见表1-1）。

表1-1 学前儿童的发展阶段

阶段	年龄分期	发展重点
乳儿期	0~1岁	感知觉与动作发展
婴儿期	1~3岁	言语的发生与动作发展
幼儿期	3~6岁	认知与社会性的发展

学前儿童各个年龄阶段都有自己的独特性，各阶段之间的界限并没有明显的标志，所以要促进幼儿心理发展，就需要我们重视研究不同阶段心理发展的不同特征，正确地教育、引导学前儿童，才能有效保证和促进他们身心的健康成长和全面发展。

第三节
婴幼儿发展的影响因素

一、客观因素

（一）遗传因素

遗传因素是指由先天继承的、与生俱来的机体构造、形态、感官和神经系统等通过基因传递的生理解剖特点，是儿童心理发展的生物前提和自然条件。

遗传对儿童心理发展的作用表现在以下。

1. 提供人类发展的最初自然物质前提

人类共有的遗传因素是使儿童在成长过程中有可能形成人类心理的前提条件，也是儿童有可能达到一定社会所要求的那种心理水平的最初的、最基本的条件。

2. 奠定儿童心理发展个别差异的最初基础

研究证明，血缘关系越近，智力发展越相似。英国心理学家西里尔·伯特的研究材料表明：在一起长大的无血缘关系的儿童智力相关很小，而有血缘关系的儿童之间的智力相关度依家族谱系的亲近程度而逐渐增高，同卵双生子的智商有很高的相关性。

【真题链接】

（2017 年上半年）生活在不同环境中的同卵双胞胎的智商测试分数很接近，这说明（　　）。

A.遗传和后天环境对儿童的影响是平行的

B.后天环境对智商的影响较大

C.遗传对智商的影响较大

D.遗传和后天环境对智商的影响相当

C【解析】遗传提供发展人类心理的最基本的自然物质前提，题干中的双胞胎虽然生活的环境不一样，但是智商测试分数很接近，说明遗传对智商的影响较大。

（二）生理成熟

生理成熟也称生理发展，是身体生长发育的程度或水平。儿童身体生长发育的规律明显地表现在发展的方向顺序和发展速度上。其方向顺序是按所谓的首尾方向（从头到脚）和近远方向（从中轴到边缘）。如：儿童头部发育最早，其次是躯干，再是上肢，然后是下肢。儿童体内各大系统成熟的顺序是：神经系统最早成熟，骨骼肌肉系统次之，最后是生殖系统。

生理成熟对儿童心理发展的具体作用是使心理活动的出现或发展处于准备状态。若在某种生理结构达到一定成熟时，能适时地给予恰当的刺激，就会使相应的心理活动有效出现或发展。如果生理上尚未成熟，也就是没有准备充分，即使给予某种刺激，也难以取得预期的结果。

【拓展阅读】

格赛尔的双生子爬楼梯实验

美国心理学家格塞尔曾经做过一个著名的实验：让一对同卵双胞胎练习爬楼梯。双生子T和C在不同年龄开始学习爬楼梯。先让T在出生第48周起开始接受爬楼梯训练，每日练习10分钟，连续6周；而C则在出生后第53周才开始学习，即比T晚6周开始，C仅训练了2周。

这两个小孩哪个爬楼梯的水平高一些呢？大多数人肯定认为应该是练了6周的T比只练了2周的C好。但是，实验结果出人意料——只练了2周的C其爬楼梯的水平比练了6周的T好，C能在10秒钟内爬上那特制的五级楼梯的最高层，T则需要20秒钟才能完成。

格塞尔分析说，其实第48周就开始练习爬楼梯，为时尚早，孩子没有做好成熟的准备，所以训练只能取得事倍功半的效果；第53周开始爬楼梯，这个时间就非常恰当，孩子做好了成熟的准备，所以训练就能达到事半功倍的效果。

这个实验给我们的启示是：教育要尊重孩子的实际水平，在孩子成熟之前，要耐心地等待，不要违背孩子发展的自然规律，不要违背孩子发展的内在"时间表"，人为地通过训练加速孩子的发展。

（三）环境和教育

环境和教育提供儿童心理发展的决定性条件。环境包括自然环境和社会环境。自然环境提供儿童生存所需要的物质条件，如空气、阳光、水分和养料等。社会环境是指儿童的社会生活条件，包括社会的生产发展水平、社会制度、儿童所处的家庭状况、周围的社会气氛等。教育条件是儿童的社会环境中最重要的部分，所谓环境对儿童心理发展的作用，主要指社会生活条件和教育的作用。

1. 社会环境使遗传所提供的心理发展的可能性变为现实

社会环境首先是指社会生活条件，即人类生活的环境。如果人的后代不生活在社会环境里，那么即使遗传提供了儿童社会化的可能性，这种可能性也不能变成现实，野兽哺育长大的儿童，虽然具有人类的遗传素质，却不具备儿童的心理。

【真题链接】

（2012年下半年）"孟母三迁"的故事说明，影响人成长的重要因素是（　　）。

A.环境　　B.邻居　　C.母亲　　D.成熟

A【解析】这里的环境指个体生活的社会环境，是影响个体身心发展的一切外在客观因素。"孟母三迁"是指孟子的母亲为了孟子有良好的教育环境多次搬家。可见，这体现了环境因素对个体的身心成长发展至关重要。

【拓展阅读】

"狼孩"卡玛拉

印度"狼孩"卡玛拉在出生后不久被狼叼去，在狼的环境中生活了七八年。

被发现时，她只能用四肢行走，昼伏夜出，吃东西不用手拿，而是把食物放在地上用牙齿撕开吃。虽然她已经七八岁，但智力只相当于六个月乳儿的水平。她对人不发生兴趣，没有感情，不让人们给她洗澡。人们花了很大的力气也不能使她适应人类的生活；训练两年后，卡玛拉才会直立；六年后才会艰难地行走，但快跑时仍需四肢并用。卡玛拉于十六七岁时死去，这时她还不能讲话，智力相当于三四岁孩子的水平，并常有许多狼的习性的表现。

人只有人类共同的遗传素质还是不能产生人的心理的，遗传和成熟只是人的心理发展的自然基础，即可能性，而要把这种可能性变为现实，要使人的心理切实得以产生、发展，还必须要有环境和教育的影响和作用。由于狼孩在出生后便脱离了人类的社会环境和教育，她接触的是狼的环境、狼的“教育”，因而尽管她长着人的脑，却成不了“人”，最终只是个“狼孩”，没能形成正常人的心理。

2. 家庭教育

动物心理发展靠本能，成熟靠个体的直接经验。儿童心理的发展则主要靠学习、靠文化传递、靠群体的经验、靠社会生活和教育的影响。家庭是社会的基本单位，是学前儿童最早接触的社会环境。家庭结构和功能、家长的教育能力以及对孩子的期望水平、教育方法和教养态度、父母的职业及社会经济地位、家庭的物质条件和氛围、生活习惯和志趣爱好等，都与学前儿童的心理健康有着密切的关系，最终影响他们的行为和人格。比如同是独生子女，可能偏于孤独，也可能养成渴望交际并善于交际的性格。这主要决定于家长如何运用家庭中的各种条件进行教育。

3. 幼儿园教育

幼儿园是儿童最早加入的集体教育机构。园所的环境以及各种教育教学活动，都是在有目的、有计划、有组织的安排下进行的，是一个以教师和儿童之间的相互关系为主轴构成的社会集体。其基本功能就是通过教师与幼儿之间的双向交互作用来促进幼儿的社会性发展。

二、主观因素

（一）儿童自身的心理活动

影响儿童心理发展的主观因素，包含儿童自身的全部心理活动。具体地说，包括儿童的需要、兴趣爱好、能力、性格、自我意识以及心理状态等。其中，最活跃的因素就是需要。

需要归根结底是对客观事物的反映，但是它本身起一种刺激作用。成人对儿童进行教育，如果不引起儿童接受教育的需要，那么教育也不可能奏效。假如要使幼儿的口语表达能力得到良好发展，必须有幼儿愿意说话的需要。如果幼儿总是不肯开口，他当然不能很好地学会用语言表达。因此，当孩子表达不够好时，成人切不可加以责备，打击他，否则孩子不敢开口，也就更不会表达了。

兴趣和爱好是影响心理发展的重要因素。比如，在有趣的游戏里，幼儿的坚持性有明显的提高。幼儿学钢琴，爱好弹琴的很快就掌握了一些基本能力，不爱好的则学习起来特别费力或始终学不会。

能力对需要、兴趣和爱好的产生有一定的影响。过难的教材不能调动儿童的学习积极性。因为需要总是在一定的原有心理发展水平的基础上产生的，而原有的心理发展水平，则主要取决于儿童的能力和知识经验。

性格同样影响幼儿心理活动的积极性。反应快、易冲动的儿童较喜欢去完成多变的任务。安静、迟缓的儿童有耐心，能够坚持较长时间做细致的工作。性格开朗的幼儿受指责后很快就忘掉，不挫伤活动积极性。性格内向的幼儿在受批评后会长时间闷闷不乐，活动积极性不高。

自我意识在人的心理活动中起控制作用。比如，自尊心强的幼儿，心理活动的能动性比较突出。

心理状态是心理活动的背景，即心理活动进行时所处的相对稳定的水平，起着提高或降低心理活动积极性的作用。

（二）儿童心理的内部因素之间的矛盾

儿童心理活动的各种心理成分或因素之间既是不可分割的，又经常是对立统一的。儿童心理的内部因素之间的矛盾，是推动儿童心理发展的根本动力。当幼儿渴望用语言与他人交流，而自身的语言发展水平又无法做到时，新的需要与旧的状态产生的矛盾，刺激了孩子学习言语的欲望，从而促进幼儿言语能力的发展。

【本章小结】

学前儿童发展心理学是研究从出生到入学前儿童（即0~6岁）心理发生发展规律的科学。学前儿童心理发展具有方向性和顺序性，具有连续性和阶段性，具有不平衡性和个体差异性。学前儿童心理发展的总趋势：从简单到复杂，从被动到主动，从具体到抽象，从零乱到成体系。遗传和成熟，特别是幼儿脑的发展，为幼儿心理的发展提供了物质前提；客观现实，即环境，特别是教育，是幼儿心理发展的决定性因素。需要说明和注意的是，我们承认环境和教育对幼儿心理发展的决定性作用，但也反对把环境、教育的作用机械化、绝对化。

【考点扫描】

年份	2017年	2016年下	2016年上	2015年下	2015年上
分值					
知识点分布	选②	选①	选①		
年份	2014年下	2014年上	2013年下	2013年上	2012年下
分值					
知识点分布			选①		选①
备注	“选”代表单项选择题，“简”代表简答题，“论”代表论述题，“材”代表材料分析题，带圈符号代表该知识点出现的频率。				

【模拟练习】

一、选择题

1.学前儿童心理学的研究对象是(　　)年龄范围内的儿童心理的发生发展规律。

A.0~3岁　　B.0~6岁　　C.0~12岁　　D.0~18岁

2.“近朱者赤，近墨者黑”这句话反映了(　　)对人的发展的影响。

A.环境　　B.遗传　　C.教育　　D.社会活动

3.俗话说，“龙生龙，凤生凤；老鼠的儿子会打洞”。这种观点强调了个体发展中(　　)因素的重要性。

A.遗传素质　　B.生理成熟　　C.教育　　D.社会实践

4.儿童学习语言的关键期是(　　)。

A.0~1岁　　B.1~3岁　　C.3~6岁　　D.5~6岁

5.在婴儿7~8个月时训练其走路是一种揠苗助长的行为，对儿童动作的发展是有害的，这与影响儿童发展的(　　)因素有关。

A.遗传素质　　B.生理成熟　　C.教育　　D.需要

二、简答题

6.婴幼儿心理发展的特点有哪些？

7.婴幼儿心理发展的总趋势是什么？

三、材料分析题

8.一对双生子由于家庭的变故，其中一人被一对很有教养的经济条件优越的夫妻收养，并耐心教育，而另一人则流落街头，沦为乞丐。将来他们的个性会相同吗？儿童的心理发展受哪些因素影响？

推荐阅读

[1]李跃儿.孩子是脚，教育是鞋——芭学园教育理念和经典课程[M].上海：华东师范大学出版社，2014.

[2]陈帼眉.学前心理学[M].北京:北京师范大学出版,2015.

第 2 章

学前儿童心理发展的理论流派

果果今年4岁半了，活泼可爱，对新事物有着强烈的兴趣，但是果果的父母却有些发愁，因为他们发现果果在做事时很少思考，比如在搭积木的时候，她不停地摆弄积木，但是几个小时都没办法搭个成型的飞机出来，最后才勉强能搭出一架不像飞机的“飞机”。父母开始感到有些着急了，为什么别人家的小女孩彤彤才3岁半就能按照自己的想法做出很多的东西来，自己的孩子看起来却一点思考都没有，什么都做不出来呢？你们觉得果果父母的担心有道理吗？请用不同心理流派的理论观点解释这一现象，为果果的父母提供一些科学有效的建议。在生活中尤其是幼儿园里，会遇到很多类似的问题，但是很多问题其实都可以用不同心理流派的观点给予解释，这就要求幼教工作者了解儿童发展理论主要流派的基本观点和代表人物，并能运用有关知识分析论述儿童发展过程中的一些问题。

学习目标

1.认识儿童心理发展不同流派的基本观点；

2.理解和分析各流派关于儿童心理发展观点的优点与不足；

3.运用各种流派的儿童心理发展理论解释儿童早期的各种行为，并以此指导自身的教育实践，在实践中反思自身。

学习重难点

1.把握各理论流派对儿童心理发展阶段划分的观点以及儿童心理发展的基本趋势；

2.将不同流派的观点运用到教学实践中并养成反思的习惯。

【知识结构图】

- 学前儿童心理发展的理论流派
  - 成熟势力学说
    - 发展的本质
    - 行为周期
    - 评价
  - 精神分析学说
    - 弗洛伊德的精神分析理论
    - 埃里克森的人格发展理论
  - 行为主义学说
    - 华生的经典行为主义
    - 斯金纳的操作行为主义
    - 班杜拉的社会学习理论
  - 皮亚杰的认知发展学说
    - 儿童心理发展的实质
    - 心理发展的四个阶段
    - 评价
  - 维果茨基的社会文化历史学说
    - 心理发展的中介说
    - 心理发展规律
    - 最近发展区
    - 评价

第一节 成熟势力学说

成熟势力说是美国心理学家格赛尔提出的关于儿童生长和发展的理论。格塞尔认为支配儿童心理发展的因素有两个，一是成熟，二是学习。成熟是由内部因素控制的过程，它不可能受到教育等一些外部因素的影响。成熟是发展的基础条件，决定个体发展的方向和模式，因此成熟是促进儿童发展的主要动力。学习并不是发展的最关键原因，因为引起变化的原因是成熟的顺序或机体的机制本来就有的，学习只是给发展提供适当的时机，起着促进作用而已。格赛尔的这一论断来自经典的双生子爬梯研究。

一、发展的本质

格塞尔认为个体的生理和心理发展，都是按基因规定的顺序有规则和有秩序地进行的。他将发展看成是一个有顺序的过程，这个模式是由机体成熟机制决定的。而成熟则是通过基因来指导发展的，是一个由遗传因素控制的过程，是通过从一种发展水平向另一种发展水平转变来实现的。在成熟论看来，生理结构的变化是按照生物规律逐步发生并成熟的，心理结构变化的内在机制也是生物因素所控制的，表现为心理形态的演变，它的外显特征是行为的不同。

格塞尔强调基因决定的时间表，强调成熟的顺序。因而，年龄，特别是分界年龄，理所当然就是儿童发展的时间指标。但是，年龄本身并不是发展变化的根本原因，它只是一个便于观察和把握的外在指标。

二、行为周期

格塞尔发现，在发展过程中，儿童表现出了极强的自我调节能力。当儿童突然进入一个新领域后，会适度往后退，以巩固刚取得的进步，然后再继续前行。所以在儿童的成长过程中也就形成了发展质量较高的年头与较低的年头互相交替的情况，格塞尔将其称为“行为周期”。第一周期为2～5岁；第二周期为5～10岁；第三周期为10～16岁。每一周期内都有平衡与不平衡相互交替的情况。而对老师和儿童父母来说，当儿童处于发展质量较高、较快的时期时，应该更加严格地要求儿童；当儿童处于发展质量较低、较慢的时期时，应该更现实客观地看待儿童，等待和帮助儿童度过这一阶段，避免因粗暴和急躁而伤害到儿童。

【真题链接】

（2016年）美国心理学家格塞尔通过双生子实验证明在儿童发展的整个过程中具有决定作用的是（　　）。

A.遗传因素　B.环境因素　C.成熟因素　D.教育因素

C**【解析】**格塞尔提出成熟势力说，强调成熟对儿童成长的重要影响。

三、评价

1. 优点

（1）格塞尔突出了成熟机制对于发展的重要作用，格塞尔将成熟概念用于自己的理论中，使得心理过程中的生物因素变得更为确切和具体。

（2）格塞尔为广大研究者们研究儿童提供了宝贵的资料，得出的格塞尔行为发育诊断量表为智力落后儿童的早期诊断提供了可靠的依据，在临床实践中被广泛运用。

（3）格塞尔也为广大父母们提供了一些育儿观念，扩大了格塞尔学说和观点的社会价值。

2. 缺点

过分夸大了生理成熟的作用，忽视了儿童心理发展所需要的其他条件。

第二节
精神分析学说

精神分析学说，也称精神分析理论，是现代西方心理学的主要理论之一。该理论是在治疗精神障碍的病例实践中产生的，到后来逐渐成为一种强调无意识在个人心理发展中作用的心理学理论，创立者为奥地利心理学家弗洛伊德，后来被其继承者继续发展，成为新弗洛伊德主义或精神分析理论。

一、弗洛伊德的精神分析理论

弗洛伊德，奥地利精神病医师、心理学家、精神分析学派创始人。弗洛伊德的人格理论主要包括精神层次理论、人格结构理论和性本能理论。

1. 精神层次理论

该理论是阐述人的精神活动的理论，强调人的精神活动包括欲望、冲动、思维、幻想、判断、决定、情感等，这些精神活动会在不同的意识层次里发生和进行。人的意识包括意识、前意识和潜意识三个层次。

（1）意识即自觉，凡是自己能察觉的心理活动都是意识，它属于人的心理结构的表层，它感知着外界现实环境和刺激，用语言来反映和概括事物的理性内容。

（2）前意识又称下意识，是调节意识和无意识的中介机制。前意识是一种可以被回忆起来的、能被召唤到清醒意识中的潜意识，因此，它既联系着意识，又联系着潜意识，使潜意识向意识转化成为可能。但是，它的作用更体现在阻止潜意识进入意识，它起着“检查”作用，绝大部分充满本能冲动的潜意识被它控制，不可能变成前意识，更不可能进入意识。

（3）潜意识又称无意识，是在意识和前意识之下受到压抑的没有被意识到的心理活动，代表着人类更深层、更隐秘、更原始、更根本的心理能量。“潜意识”是人类一切行为的内驱力，它包括人的原始冲动和各种本能（主要是性本能）以及同本能有关的各种欲望。由于潜意识具有原始性、动物性和野蛮性，缺乏社会理性，所以被压抑在意识阈下，但未被消灭。它时刻在暗中活动，要求直接或间接的满足。正是这些东西从深层支配着人的整个心理和行为，成为人的一切动机和意图的源泉。

2. 人格结构理论

弗洛伊德还把人的心理结构分为三个层次：本我、自我、超我。并认为三者发展平衡，就是一个健全的人格，否则就会导致精神疾病的发生。

（1）本我：位于无意识中的本能、冲动与欲望构成本我，是人格的生物面，遵循“快乐原则”。本我是一切心理能量之源，它不理会社会道德和行为规范，其目标是求得个体的舒适，它唯一的要求是获得快乐，本我的活动不被个体所觉察。

（2）自我：介于本我与外部世界之间，是人格的心理面。自我的作用一方面能使个体意识到其认识能力；另一方面能使个体为了适应现实而对本我加以约束和压抑，遵循的是“现实原则”。自我是自己可意识到的执行思考、感觉、判断或记忆的部分，自我的机能是寻求“本我”冲动得以满足，而同时保护整个机体不受伤害，它遵循的是“现实原则”，为本我服务。

（3）超我：是人格结构中代表理想的部分，它是个体在成长过程中通过内化道德规范，内化社会及文化环境的价值观念而形成，其机能主要在监督、批判及管束自己的行为。超我的特点是追求完美，所以它与本我一样是非现实的。超我大部分也是无意识的，超我要求自我按社会可接受的方式去满足本我，它所遵循的是“道德原则”。

弗洛伊德认为成人人格的基本组成部分在前三个发展阶段已基本形成，所以儿童的早年环境、早期经历对其成年后的人格形成起着十分重要的作用，许多成人的变态心理和心理冲突都可追溯到其早期经历。同时，弗洛伊德也认为自我只有处理好与本我、超我之间的关系，心理才不会发生异常。

3. 性本能理论

弗洛伊德认为一个人的精神活动的能量来源于自身本能，本能是推动个体外在行为的内在动力。人类有两种最基本的本能：生的本能和死的本能，生的本能包括性欲本能和生存本能，其目的是使得种族能够繁衍与个体能够生存。性欲在弗洛伊德这里有着广泛的含义，并不仅仅指通常意义上的性冲动或者性欲望，更多地是指人们追求快乐的欲望。弗洛伊德认为，性本能冲动是人一切心理活动的内在动力，这种动力会促使个体集聚能量，弗洛伊德将这种能量称为力比多，当这种能量积聚到一定程度就会造成机体的紧张，此时就需要寻求途径去释放，进而个体就会出现相应的释放性的行为表现。

弗洛伊德早在1894年就开始运用力比多这个术语。力比多，泛指一切身体器官的快感，包括性倒错者和儿童的性生活。弗洛伊德认为，力比多是一种本能，是一种力量，是人的心理现象发生的驱动力。以力比多的发展作为划分的标准，弗洛伊德将人的性心理发展划分为5个阶段。

（1）口唇期（0~1岁）：亦称“口腔期”，是弗洛伊德所划分的人格发展的最初阶段。婴幼儿的性感区是嘴。这时期婴幼儿通过吮吸、咀嚼、吞咽、撕咬、紧闭等来获得性满足。若满足不适当，过多或过少，人格发展可能会发生固着和退缩。

（2）肛门期（1~3岁）；这是弗洛伊德所划分的人格发展的第二阶段。他认为此阶段儿童关心与肛门有关的活动，大便是他们最大的一种乐趣。大小便训练时引起的强烈冲突可能造成两种肛门期人格：一种是肛门排泄型人格，表现为邋遢、浪费、无条理和放肆;另一种是肛门便秘型人格，表现为过分干净、谨慎、注意细节，过分注意条理化。他认为在此过程中，儿童的手和身体的运动得到锻炼，学会合作、模仿和反抗。因此，弗洛伊德特别要求父母注意对儿童大小便的训练，不宜过早、过严。

（3）前生殖器期（3~6岁）；儿童到3岁以后懂得了两性的区别，开始对异性父母产生眷恋，对同性父母产生嫉恨，这一阶段叫前生殖器期，其间充满复杂的矛盾和冲突，儿童会体验到俄狄浦斯情结和伊勒克特拉情结，这种感情更具性的意义，不过还只是心理上的性爱而非生理上的性爱。

（4）潜伏期（6~11岁）；进入潜伏期后，儿童性的发展便呈现出一种停滞或退化的状态。在这个时期，口唇期、肛门期的感觉以及前生殖器期的恋母情结的各种记忆都逐渐被遗忘。因此，潜伏期是相当平静的时期。由于危险的冲动和幻想被隐埋了，儿童不再为这些经受过多的烦恼，于是这个时期的儿童可以有意地把精力放在社会可接受的追求中，如学习、游戏和运动等。

（5）青春期（11岁或13岁开始）；青春期阶段，生殖器成为主要的性感区，此时的性欲对象不再是儿童时期的同性朋友而是异性，并且希望与之建立两性关系。在本阶段，青少年努力摆脱成人的束缚，想要建立自己的生活，就不免与成人产生摩擦。

4. 评价

(1)优点。

在心理学的研究对象上,精神分析开创了无意识心理研究的新纪元。这是弗洛伊德最主要的历史功绩。他不仅研究心理现象的表面价值,而且力图探求在心理现象背后所隐匿的精神作用,这比以往的心理学家对人的内心认识更加深刻。弗洛伊德系统地揭露了埋藏在人心底的、受意识表层重重封锁和压抑的无意识王国的内幕。同时,弗洛伊德还促进了心理学学科的建设。在心理学学科建设上,精神分析开拓了性心理学、动力心理学和变态心理学的研究。

(2)缺点。

弗洛伊德过分强调性在人的发展中的作用,忽略了社会、文化、意识、教育对人的重大作用,以及遗传因素和社会生活条件对人格的影响。弗洛伊德的理论是建立在成人性压抑问题的基础之上,它的形成有其特殊的时代背景。同时,整个理论主观色彩浓厚。弗洛伊德的许多概念和理论都是纯粹出于主观的臆想和纯粹的逻辑演绎,他甚至简单地运用神话传说来证实和提出自己的观点,既没有事实依据,也无从验证。因此,该理论的应用范围十分有限。

二、埃里克森的人格发展理论

埃里克森最大的贡献就是其人格发展渐成说,他认为在人格发展中,逐渐形成的自我过程在个体发展过程中扮演着很重要的角色,在个人与其周围环境的交互作用中起着主导的和整合的作用。与弗洛伊德不同,埃里克森的人格发展学说既考虑到生物学影响,也考虑到文化和社会因素。

1. 人格发展渐成说

埃里克森认为,人要经历八个阶段的心理社会演变,这种演变称为心理社会发展。这些阶段包括四个童年阶段、一个青春期阶段和三个成年阶段。每一个阶段有这些阶段应完成的任务,并且每个阶段都建立在前一阶段之上,这八个阶段紧密相连。

(1)婴儿期(0~1.5岁):信任感对不信任感。

此时是基本信任和不信任的心理冲突期,当孩子哭或饿时,父母是否出现是建立信任感的关键。假如能够顺利形成信任,儿童则会形成“希望”这一品质,它起着增强自我的力量的作用。埃里克森把希望定义为:“对自己愿望的可实现性的持久信念，反抗黑暗势力、标志生命诞生的怒吼。”具有信任感的儿童满怀希望，富于理想，对未来有着强烈的期盼。反之，则不敢对未来怀有希望，总是会忧虑自己的需要得不到满足。

（2）儿童早期（1.5～3岁）：自主感对害羞感。

这一时期的儿童已经掌握了爬、走、说话等技能。同时，他们也学会了怎样坚持或放弃一件事情，换句话说，儿童开始按照自己的想法有意识地决定自己做什么或不做什么。这时候父母与子女的冲突很激烈，第一个反抗期开始出现，一方面父母必须承担起教育儿童、纠正儿童行为并使之符合社会规范的任务，帮助儿童养成良好的习惯，如训练儿童大小便，使他们对自己随地大小便的行为感到羞耻，同时训练他们按时吃饭、节约粮食等行为习惯；另一方面儿童开始有了自主感，他们坚持按照自己的方式进食、排泄等，所以这一时期训练儿童良好的习惯不是一件容易的事。这一时期孩子会反复用“我”“我们”“不”来表达自己的立场，父母如果依着孩子的性子来，将不利于儿童养成良好的行为习惯以及帮助儿童早日适应社会。但是，如果父母过于严厉，就会损害儿童的自主抉择能力和自我控制能力。如果父母对儿童的保护或惩罚没有保持一个良好的度，儿童就会对自己产生怀疑，还有可能产生羞耻感。因此，把握住教育儿童的尺度，有利于在儿童人格内部形成优良的意志品质。埃里克森把意志定义为：“不顾不可避免的害羞和怀疑心理而坚定地自由选择或自我抑制的决心。”

（3）学前期（3～6岁）：主动感对内疚感。

在这一期间，如果幼儿主动去探索事物时受到了成人的支持和鼓励，幼儿就会相应形成主动性；这为幼儿以后成长为一个有责任心、上进心、创造力的人奠定了良好的基础。相反，如果幼儿的行为受到了成人的讥讽和否定，幼儿就会逐渐失去自信心，会缺乏探索性和积极性。当儿童的主动感超过内疚感时，他们就有了“目的”的品质。埃里克森把目的定义为：“一种正视和追求有价值目标的勇气，这种勇气不为幼儿想象的失利、罪疚感和惩罚的恐惧所限制。”

（4）学龄期（6～12岁）：勤奋感对自卑感。

埃里克森认为，这一阶段的儿童应当在学校中接受正规的学校教育。因为学校能够传授系统的知识给儿童，而且学校是训练儿童适应社会、掌握今后生活所必需的知识和技能的地方。如果儿童能顺利完成学校课程，他们就会获得勤奋感，这将会使儿童在今后的工作和生活中充满信心，也会培养儿童承担任务的积极性。反之，则会产生自卑感。当儿童的勤奋感大于自卑感时，他们就会获得有“能力”的品质。埃里克森对能力的定义是:“能力是不受儿童自卑感削弱的,完成任务所需要的是自由操作的熟练技能和智慧。”

(5)青春期(12 ~ 18岁):自我同一性对角色混乱。

这一时期,青少年本身会产生很多本能冲动,这会带来诸多问题;另一方面,更重要的是青少年需要面临新的社会要求和社会的冲突,很容易因此而感到困扰和混乱。所以,青少年时期的关键任务是建立一个新的同一感或者说建立自己在别人眼中的形象,以及找准他在社会集体中所占的情感位置。这一阶段的主要危机是角色混乱。

在解释青少年对社会不满和犯罪等社会问题上,埃里克森就是运用同一性危机理论来解释的。埃里克森说:如果一个儿童感到他所处于的环境剥夺了他在未来发展中获得自我同一性的种种可能性,他就将以令人吃惊的力量抵抗社会环境。在人类社会的丛林中,没有同一性的感觉,就没有自身的存在,所以,他宁做一个坏人,或干脆死人般地活着,也不愿做不伦不类的人,他自由地选择这一切。

自我同一性如果建立良好,儿童就会形成“忠诚”的品质,反之,儿童则会走向相反的不良发展的方向。埃里克森把忠诚定义为:“不顾价值系统的必然矛盾,而坚持自己确认的同一性的能力。”

(6)成年早期(18 ~ 25岁):亲密感对孤独感。

当建立了牢固的自我同一性之后,就敢于与他人发生亲密关系。因为与他人发生亲密关系,就是把自己的同一性与他人的同一性融为一体,这对个体来说,需要冒很大的风险,需要自我牺牲或损失,只有这样才能在恋爱中建立真正亲密无间的关系,从而获得亲密感,否则将产生孤独感。埃里克森把爱定义为“压制异性间遗传的对立性而永远相互奉献”。

(7)成年中期(25 ~ 50岁):生育感对停滞感。

当一个人顺利度过了自我同一性时期,同时也在成年早期建立了良好的亲密关系后,在以后的人生旅途中将过上幸福且充实的生活,个体将生儿育女,抚育后代。埃里克森认为,生育包含生和育两层含义,只要做到其中任意一项即可,如果一个人没有生孩子,只要能关心孩子、教育指导孩子也会产生生育感。反之,无法产生生育感的人是一个自我关注的人,他们只考虑自我的需要和利益,不关心他人,其人格会发展至贫乏甚至停滞。生育感顺利形成的个体会好好关心和抚育下一代。同时,这一时期的个体还要承担社会工作,如果进展顺利,个体会获得关心和创造力这两种品质。

(8)成年后期(50岁以后直到死亡):自我调整对绝望感。

个体终会走向衰老和死亡,随着年龄的增长,个体的体力、心力和健康每况愈下,对此他们必须做出相应的调整,所以这一时期被称为自我调整对绝望感的心理冲突时期。当老人们回顾过去,面对死亡时,可能怀着一种踏实和满足,也可能怀着绝望和遗憾。自我调整是一种接受自我、承认现实的态度,是一个人拥有超脱智慧的体现。如果一个人的自我调整大于绝望感,他将获得智慧的品质;反之,则会自我否定。埃里克森把自我整合界定为以超然的态度对待生活和死亡。

老年人对死亡的态度直接影响下一代儿童时期信任感的形成。因此,第八阶段和第一阶段首尾相连,构成一个循环或生命的周期。

埃里克森认为,在每一个心理社会发展阶段中,解决了核心问题之后所产生的人格特质,都包括了积极与消极两方面的品质,如果各个阶段都保持向积极品质发展,就算完成了这阶段的任务,逐渐实现了健全的人格,否则就会产生心理社会危机,出现情绪障碍,形成不健全的人格。

【真题链接】

(2014年)照料者对婴儿的需求应给予及时回应是因为:根据埃里克森的观点,在生命中第一年的婴儿面临的基本冲突是(　　)

A.主动感对内疚　　B.信任感对不信任感

C.自我同一性对角色混乱　　D.自主感对害羞

B【**解析**】根据埃里克森人格发展的八阶段理论,婴儿期(0~1.5岁)面临的基本冲突是信任感对不信任感的冲突。

2. 评价

(1)优点。

埃里克森构建的理论深远地影响了学术领域,影响了公众。他断言人们将会以特定的方式继续成长和变化,这一断言不仅为成千上万的老年人敞开了新的前景,而且也使人格领域的研究发生了革命性的变化。埃里克森对于各阶段的发展危机的描述,为儿童和青少年的教育工作提供了重要的理论基础,提醒我们重视每个阶段的教育。

(2)缺点。

埃里克森的理论也有其局限性。首先,他的理论缺乏特定的逻辑一致性。其次,他认为每一个社会成员都要经历心理发展的八个阶段,这一点是值得商榷的。我们知道,在不同的社会中有着不同的文化和习俗,这些文化习俗对于个体的发展必然会产生不同的影响。

第三节
行为主义学说

一、华生的经典行为主义

1. 心理学的研究对象

行为主义观点认为，心理学不应该研究意识，只应该研究行为。所谓行为就是有机体用以适应环境变化的各种身体反应的组合。这些反应不外乎肌肉收缩和腺体分泌，它们有的表现在身体外部，有的隐藏在身体内部，强度有大有小。华生认为，肌肉收缩和腺体分泌都可归结为物理或化学变化，引起有机体反应的刺激，最后分析也只能是有机体内部和外界的物理或化学变化。这样一来，全部行为，包括通常所说的心理活动，都不外乎一些物理或化学变化引起另一些物理或化学变化而已。所以华生认为，一切心理学问题及其解决都可以纳入刺激和反应的规范中。一切行为的发生和变化都可以用S（刺激）—R（反应）这一公式来解释。任何行为归根结底是一个或多个反射的有机结合。通过刺激可以预测反应，通过反应可以推测刺激。

2. 幼儿的心理发展

华生认为学习就是以一种刺激替代另一种刺激建立条件反射的过程。在华生看来，人类出生时只有几种基本反射（如打喷嚏、膝跳反射）和情绪反应（如惧、爱、怒等），所有其他行为都是通过条件反射建立新的刺激——反应联结而形成的。想要幼儿习得预期的行为，只需要给予幼儿相应的刺激，让幼儿产生相应的反应，并使之习惯化，就能达到塑造行为的目的。华生否认遗传在人的终身发展中的重要作用，认为对儿童行为塑造起决定作用的是环境和教育，华生是坚定的环境决定论者。华生的经典言论是:“给我一打健康的婴儿,并在我自己设定的特殊环境中养育他们,那么我愿意担保,可以随便挑选其中一个婴儿,把他训练成为我所选定的任何一种专家——医生、律师、艺术家、小偷,而不管他的才能、嗜好、倾向、能力、天资和他祖先的种族。不过,请注意,当我从事这一实验时,我要亲自决定这些孩子的培养方法和环境。”

3. 评价

(1)优点。

①华生的环境决定论观点有很大的启发作用,他使人们开始关注个体心理发展的社会因素。同时,我们在现实生活中也深刻地体会到了环境,包括家庭环境、社会环境和学校教育环境对个体发展的巨大作用。

②华生坚决主张心理学研究方法的客观化,反对内省法。这无疑推动了心理学研究方法的科学化进程。

(2)缺点。

①华生否认遗传的作用。华生的心理学以控制行为作为研究的目的,而遗传是不能控制的,所以遗传的作用越小,控制行为的可能性越大。因此华生否认了遗传对个体心理与行为发展的作用。

②华生对行为的研究采用了元素主义的分析方法,将复杂的行为分解为若干“刺激——反应”单元,从而丢掉了行为的整体性特征。

二、斯金纳的操作行为主义

早期的行为主义学者否认个体心理的作用,片面强调环境在个体发展中的重要性,认为个体行为完全是被动的,一个人的发展都是环境影响的结果,没有考虑到行为本身具有主动性。行为主义继续往后发展就是斯金纳为代表的新行为主义,新行为主义开始注意个体内部心理过程的中介作用,提出了S——O——R公式。斯金纳在巴甫洛夫经典条件反射理论的基础上提出了操作性条件反射理论。

1. 行为的强化控制理论

斯金纳把行为分成两类:一类是应答性行为。“应答”是由一种确定的刺激所激发的行为,服从巴甫洛夫的条件反射理论,它可以是无条件反射,也可以是条件反射。这是经典行为主义所注重的研究对象。另一类是操作性行为。斯金纳把那些自然发生而受到强化后经常性重复的行为，称为操作行为。他把操作行为当作心理学研究的对象，构成操作行为主义的理论体系。

操作性条件反射这一概念，是斯金纳新行为主义学习理论的核心。斯金纳关于操作性条件反射作用的实验，是在他设计的一种动物实验仪器即著名的斯金纳箱中进行的。箱内放进一只白鼠或鸽子，并设一杠杆或键，箱子的构造尽可能排除一切外部刺激。动物在箱内可自由活动，当它压杠杆或啄键时，就会有一团食物掉进箱子下方的盘中，动物就能吃到食物。箱外有一装置记录动物的动作。斯金纳的实验与巴甫洛夫的条件反射实验的不同在于：(1)在斯金纳箱中的被试动物可自由活动，而不是被绑在架子上；(2)被试动物的反应不是由已知的某种刺激物引起的，操作性行为(压杠杆或啄键)是获得强化刺激(食物)的手段；(3)反应不是唾液腺活动，而是骨骼肌活动；(4)实验的目的不是揭示大脑皮质活动的规律，而是为了表明刺激与反应的关系，从而有效控制有机体的行为。

斯金纳通过实验发现，动物的学习行为是随着一个起强化作用的刺激而发生的。斯金纳把动物的学习行为推而广之到人类的学习行为上，他认为虽然人类学习行为的性质比动物复杂得多，但也要通过操作性条件反射。操作性条件反射的特点是：强化刺激既不与反应同时发生，也不先于反应，而是随着反应发生。有机体必须先做出所希望的反应，然后得到"报酬"，即强化刺激，使这种反应得到强化。学习的本质不是刺激的替代，而是反应的改变。斯金纳认为，人的一切行为几乎都是操作性强化的结果，人们有可能通过强化作用的影响去改变别人的反应。在教学方面，教师充当学生行为的设计师和建筑师，把学习目标分解成很多小任务并且一个一个予以强化，学生逐步完成学习任务。

斯金纳认为，人的行为几乎都是操作性强化的结果，操作性强化既可以用于消除不好的行为，也可以用于巩固好的行为。例如，孩子偶尔表现出的好的行为受到大人的赞赏和肯定后，在以后的类似情境中会更多地表现出这样的行为。如果孩子表现出的不好的行为受到了大人的惩罚，孩子在以后的生活中就会减少此类行为的出现频率。强化物可以分为两类，一类可以增加行为发生的频率，叫作积极强化物(正强化物)；另一类会减少行为发生的频率，为消极强化物(负强化物)。

2. 行为的实际控制

(1)育婴箱的作用。当斯金纳的第一个孩子出生时，他决定做一个新的经过改进的摇篮，这就是斯金纳的育婴箱。他在实验箱里长大的女儿后来很快就成为一名很有名气的画家。于是,斯金纳把它详细介绍给了美国的《妇女家庭》杂志,他的研究工作第一次普遍受到大众的注意和赞扬。在《育婴箱》这篇论文中,他描述道:光线可以直接透过宽大的玻璃窗照射到箱内,箱内干燥;自动调温,无菌、无毒、隔音;里面活动范围大,除尿布外无多余衣布,幼儿可以在里面睡觉、游戏;箱壁安全,挂有玩具等刺激物;不必担心着凉和湿疹一类的疾病。这种机械照料婴儿的装置是斯金纳研究操作性条件反射作用的又一杰作。这种设计的思想是要尽可能避免外界一切不良刺激,创造适宜儿童发展的行为环境,养育身心健康的儿童。

(2)行为原理在教育领域中的应用,就是斯金纳设计了教学机器。斯金纳对当时流行的课堂教学感到不满,他认为通过一定的方式可以使教学变得更好。教学机器就是他应用操作强化原理设计和制造的教学装置。这是一种台式机械装置,里面有教学程序,这种程序把一门学科分成一系列具有逻辑联系的知识项目,并以问题形式由浅入深、由易到难渐次排列。学生只有通过前面的问题,才可以进行下一个问题。教学机器在数学、音乐等领域都得到了广泛的应用,取得了一定的成果。但其最大的弊病就是忽视了教师的人格教育活动,不利于学生良好个性的形成。

3. 评价

(1)优点。

斯金纳站在行为主义的立场上,以严谨而富有生气的行为分析方法,形成了丰富的行为主义体系,建立了非常精确、客观的操作行为主义体系;并且对一些难以回避的“主观”现象,也坚持以操作强化原理来进行具有说服力的解释。斯金纳对心理学的应用研究,使心理学在社会事务上发挥了重要作用。他的程序教学思想即使是在今天也仍然具有很大的价值;虽然他的理论在语言行为的应用上受到了人们的批评,但也给人们留下了有益的启示。

(2)缺点。

斯金纳的理论体系也招致了众多批评。首先是忽视理论研究。虽然斯金纳的体系是非理论的,但他并不完全反对涉及理论,只不过他反对在没有十分可靠的资料积累的情况下提出理论。其次是斯金纳的研究只限于有限动物的有限行为,并把从这些研究中获得的结论推论到所有动物甚至人类的社会生活领域,这显然是简单化、片面化的。

三、班杜拉的社会学习理论

社会学习理论是由美国心理学家阿尔伯特·班杜拉于1971年提出的。它着眼于观察学习和自我调节在引发人的行为中的作用,重视人的行为和环境的相互作用。所谓社会学习理论,班杜拉认为是探讨个人认知、行为与环境因素三者及其交互作用对人类行为的影响。

1. 观察学习

(1)观察学习的含义及种类。

班杜拉认为,人的行为,特别是人的复杂行为主要是后天习得的。行为的习得既受遗传因素和生理因素的制约,又受后天经验环境的影响。生理因素的影响和后天经验的影响在决定行为上微妙地交织在一起,很难将两者分开。班杜拉认为行为习得有两种不同的过程:一种是通过直接经验获得行为反应模式的过程,班杜拉把这种行为习得过程称为“通过反应的结果所进行的学习”,即我们所说的直接经验的学习;另一种是通过观察示范者的行为而习得行为的过程,班杜拉称之为“通过示范所进行的学习”,即我们所说的间接经验的学习。观察学习是指个体只以旁观者的身份,观察他人的行为表现及其结果(自己不必参与活动)就可习得新行为。观察学习分为直接观察、综合观察和抽象观察。直接观察是学习者对示范行为的简单模仿;综合观察是指学习者综合多次观察而形成自己的行为;抽象观察指学习者从示范行为中获得一定的行为规则及原理。

(2)观察学习的过程和影响因素。

观察学习的全过程由注意、保持、产出、动机四个阶段构成。

①注意过程是观察学习的最初环节。在注意过程中,影响学习效果的因素有示范者行动本身的特征、观察者本人的认知特征以及观察者和示范者之间的关系等诸多因素。

②把示范行为以符号的形式表象化(保持阶段)。在观察学习的保持阶段,示范者虽然不再出现,但他的行为仍会影响观察者。要使示范行为在记忆中保持,需要把示范行为以符号的形式表象化。通过符号这一媒介,短暂的榜样示范就能够被保持在长时记忆中。

③观察学习的第三个阶段是把记忆中的符号和表象转换成适当的行为,即再现以前所观察到的示范行为(产出阶段)。这一过程涉及运动再生的认知组织和根据信息反馈对行为的调整等一系列认知的和行为的操作。

④能够再现示范行为之后，观察学习者（或模仿者）是否能够经常表现出示范行为要受到行为结果因素的影响。行为结果包括外部强化、自我强化和替代性强化。班杜拉把这三种强化作用看成是学习者再现示范行为的动机力量。

（3）强化的种类。

班杜拉将对行为结果的强化分为直接强化、替代强化和自我强化三种。

①直接强化是指外部因素直接对观察者的行为进行干预。

②替代强化是指观察者看到榜样的行为受到强化，自己也会增加这种行为的倾向性。

③自我强化依赖社会传递的结果。社会向个体传递某一行为标准，使个体能够形成自我评价的标准和能力，从而对行为发挥自我调整的作用。当个体的行为表现符合或超过这一标准时，他就对自己的行为进行自我奖励。

【真题链接】

（2017年上半年）小马上课时总害怕回答问题，他发现自己坐在教室后排时可减少被老师提问的次数，于是，他总是坐在教室后排。下列哪种强化方式导致了小马愿意坐在教室的后排？（　　）

A.正强化　　B.负强化　　C.延退强化　　D.替代强化

【答案】A

（2015年下半年）班杜拉的社会认知理论认为（　　）。

A.儿童通过观察和模仿身边人的行为学会分享

B.操作性条件发射是儿童学会分享的重要学习形式

C.儿童能够学会分享是因为儿童天性本善

D.儿童学会分享是因为成人采取了有效的惩罚措施

A**【解析】**班杜拉的社会认知理论认为，观察学习是幼儿社会行为获得的重要方式。观察学习是指人通过观察他人（榜样）的行为及其结果而习得新行为的过程。

2. 交互决定论

班杜拉指出："行为、人的因素、环境因素实际上是作为相互连接、相互作用的决定因素产生作用的。"他把交互这一概念定义为"事物之间的相互作用"，把决定论定义为"事物影响的产物"。

(1)环境是决定行为的潜在因素。

①班杜拉认为,环境对行为有影响,甚至有产生决定作用的影响。

②环境的作用是潜在的,只有当人进入环境,并且激发相应的行为,环境才能发挥这种作用。这种潜在因素包含在行为发生之前,或行为发生之后,要具体分析。

(2)人和环境交互决定行为。

班杜拉指出,人既不是完全受环境影响和摆布的,也不可以在任意环境中为所欲为,人与环境是交互影响和决定的。环境对个体的影响有利于自我调节能力的提升,从而提升自我反应的能力。

(3)三者是交互作用的。

班杜拉构建了一个学习者、学习行为、学习环境三者处于其中的动态的交互模式。在此交互模式中,以学习者为中心,倡导学习者通过自主学习、发现学习、协作学习等形式,充分利用网络资源,掌握知识、形成技能。交互作用的过程是三者的相交作用,不是两者的连接或两者之间双向的相互作用。

3. 评价

(1)优点。

首先,班杜拉吸收了认知心理学的研究成果,把强化理论与信息加工理论有机地结合起来,以认知的术语阐述了观察学习的过程和作用,提出了替代强化、自我强化、自我效能等概念,改变了传统行为主义重刺激反应,轻中枢过程的倾向,使解释人的行为的参照点发生了重要的转变。其次,班杜拉在社会学习理论研究中,注重社会因素的影响,而且实验结果都是以人为研究对象而得出的,这就避免了行为主义以动物为实验对象,把由动物实验得出的结论推广到人当中的错误倾向,结论更加具有说服力。最后,班杜拉强调了学习过程是学习者、学习行为、学习环境三者交互作用的过程,强调了学习因素相互影响的重要作用。

(2)缺点。

班杜拉的社会学习理论是以儿童为研究对象建立起来的,但他忽视了儿童自身发展阶段会对观察学习产生的影响。他的社会学习理论虽然可以解释间接经验的获得,但对于比较复杂的程序性知识以及陈述性知识和理性思维的形成缺乏说服力。最后,班杜拉虽然强调了人的认知能力对行为的影响,但对人的内在动机、内心冲突、建构方式等因素没做研究,这表明其理论本身仍然有较大的局限性。

【真题链接】

(2015年上半年)简述班杜拉社会学习理论的主要观点。

【答案】班杜拉的社会学习理论是阐明人怎样在社会环境中学习,从而形成和发展他的个性的理论。社会学习是个体为满足社会需要而掌握社会知识、经验和发展的过程。该理论主要提出两个要点:

一是交互决定论。他认为个体、环境和行为是相互影响、彼此联系的。三者影响力的大小取决于当时的环境和行为性质。

二是观察学习。这是班杜拉社会学习理论的核心。观察学习是指人通过观察他人(榜样)的行为及其结果而习得新行为的过程。在观察学习中,观察学习的对象称为榜样或示范者。班杜拉将观察学习分为直接的观察学习、抽象性观察学习和创造性观察学习。并将观察学习的过程分为四个具体过程:(1)注意过程;(2)保持过程;(3)产出过程;(4)动机过程。

第四节
皮亚杰的认知发展学说

认知发展理论是著名发展心理学家让·皮亚杰所提出的，被公认为20世纪发展心理学上最权威的理论。所谓认知发展是指个体自出生后在适应环境的活动中，对事物的认知及面对问题情境时的思维方式与能力表现，随年龄增长而改变的历程。传统的认知论只注意认知的高级水平及最后结果，近现代的认知论则专做认知的逻辑分析或语言分析，这都是不够的，皮亚杰认为，需要研究认知的心理发生机制来加以补充。因此，皮亚杰提出了认知发展理论。他认为，人类的知识不管多么高深、复杂，都可以追溯到人的童年时期，甚至可以追溯到胚胎时期。

一、儿童心理发展的实质

皮亚杰用四个基本的概念来解释他的适应理论和建构学说，即图式、同化、顺应和平衡。

1. 图式

皮亚杰认为，人的认知发展，不仅表现在知识的增长上，更表现在认知结构的完善和发展上。图式的发展水平是人的认知发展水平的重要标志，既是认知发展的产物，又是认知发展的基础和条件。图式是皮亚杰理论中的核心概念，指动作的结构或组织。个体能对刺激做出反应，在于其具有应付这种刺激的思维或行为图式。图式使个体能对客体的信息进行整理、归纳，使信息秩序化和条理化，从而达到对信息的理解。个体的认知水平完全取决于认知图式。

2. 同化

图式的发展和丰富是通过同化和顺应两种机制来实现的。同化指有机体把环境成分整合到自己原有机构中去的过程。皮亚杰借用同化来说明个体把新鲜刺激纳入原有图式中的心理过程，就整个有机体来说，有三种水平的同化：生理水平上，是物质的同化；动作水平上，是行为的同化；智慧水平上，是思想的同化。

3. 顺应

顺应指个体调节自己的内部结构以适应特定刺激的过程。当个体遇到不能用原有图式同化的新刺激时，便要对原有的图式加以修改或重建，以适应环境。这样将迫使个体改变现有的认知图式，形成某些适合新刺激的新图式，引起认知结构的不断发展变化。

4. 平衡

平衡是个体通过自我调节机制使认知的发展从一个平衡状态向另一个较高平衡状态过渡的过程。儿童认知最初处于较低水平的平衡状态中。当面临新异刺激时，产生了不平衡。通过主体和客体的相互作用，即通过同化或顺应，使认知达到一个新的水平，恢复平衡状态。认知的发展就是平衡——不平衡——平衡的过程。

二、心理发展的四个阶段

1. 感知运动阶段（零至两岁左右）

这个阶段的儿童的主要认知结构是感知运动图式，儿童借助这种图式可以协调感知输入和动作反应，从而依靠动作去适应环境。通过这一阶段，儿童从一个仅仅具有反射行为的个体逐渐发展成为对其日常生活环境有初步了解的问题解决者。

2. 前运算阶段（两岁至六七岁）

儿童将感知动作内化为表象，建立了符号功能，可凭借心理符号（主要是表象）进行思维，从而使思维有了质的飞跃。儿童思维具有：泛灵论、自我中心主义、思维的不可逆性、缺乏守恒等特点。

3. 具体运算阶段（六七岁至十一二岁）

在本阶段内，儿童的认知结构由前运算阶段的表象图式演化为运算图式。具体运算思维的特点：具有守恒性、脱自我中心性和可逆性。皮亚杰认为，该时期的心理操作着眼于抽象概念，属于运算性（逻辑性）的，但思维活动需要具体内容的支持。

4.形式运算阶段(十一二岁及以后)

这个时期,儿童思维发展到抽象逻辑推理水平。这一阶段的儿童思维形式摆脱思维内容,同时能够进行假设—演绎推理。当然,处于形式运算阶段的儿童,不仅能进行假设演绎,皮亚杰认为他们还能够进行科学技术所需要的一些最基本运算:考虑一切可能性;分离和控制变量,排除一切无关因素;观察变量之间的函数关系,将有关原理组织成有机整体等。

【真题链接】

(2015年下半年)小班幼儿玩橡皮泥时,往往没有计划性。橡皮泥搓成团就说是包子,搓成条就说是油条,长条橡皮泥卷起来就说是麻花。这反映了小班幼儿(　　)。

A.具体形象思维的特点　　B.直观行动思维的特点

C.象征性思维的特点　　D.抽象逻辑思维的特点

B【解析】直观行动思维指依靠对事物的感知,依靠人的动作来进行的思维。这种思维的进行离不开儿童自身对物体的感知,也离不开儿童自身的动作。题干中幼儿对“包子”“油条”和“麻花”的认知是在其对橡皮泥的实际操作的基础上建立的,即直观行动思维离不开儿童自身的动作。

(2014年下半年)按照皮亚杰的观点2~7岁的孩子思维处于(　　)。

A.具体运算阶段　　B.形式运算阶段

C.感知运动阶段　　D.前运算阶段

【答案】D

(2015年)直观行动思维所用的工具主要是(　　)。

A.感知和表象　　B.表象和动作

C.表象和概念　　D.感知和动作

【答案】D

(2015年)(　　)阶段的标志是守恒观念的形成。

A.感知运动阶段　　B.前运算阶段

C.具体运算阶段　　D.形式运算阶段

【答案】C

三、评价

1. 优点

（1）皮亚杰在他的认知发展理论中，通过图式、同化、顺应、平衡等一些经典的概念，描述了儿童认知发展的全过程。运用逻辑揭示了儿童心理发展的规律，还证实了儿童心理发展的主动性和内发性。

（2）皮亚杰关于心理发展阶段的划分不是按照个体的实际年龄而是按照其认知发展的差异进行的，这点具有创新性。

（3）根据皮亚杰的认知发展理论，处于同一认知发展阶段的儿童年龄差异很大，即使是同一年龄段儿童的认知发展也是有差异的，这为教育实践中的因材施教原则提供了理论依据。

2. 缺点

首先，他的理论以达尔文的进化论学说为基础，生物学倾向明显；其次，理论中的一些概念过于抽象，不易于理论本身的传播和发展；最后，运用其认知发展阶段理论很难解释儿童的所有行为。

第五节
维果茨基的社会文化历史学说

维果茨基提出的社会文化历史理论强调社会文化对人类心理发展的影响。维果茨基认为，一个人心理发展的本质，是在环境与教育影响下，由低级心理机能逐渐向高级心理机能转化的过程。

一、心理发展的中介说

维果茨基是20世纪初敢于面对人的心理复杂性的少数心理学家之一。他将人的心理机能分为两种形式：低级心理机能和高级心理机能。前者具有自然的、直接的形式，而后者则具有社会的、间接的形式。区别人与动物最根本的东西就是工具和符号。人所特有的高级心理机能是以社会文化的产物——符号为中介的。人类的文化则随人自身的发展而增长与变化，并对人的一切产生越来越强大的影响。正是通过工具的运用和符号的中介，人才有可能实现从低级心理机能向高级心理机能的转化。

维果茨基还认为，语言的获得与活动一样是个体发展的一个极其重要的社会源泉，语言是人类为了组织思维而创造的一种最关键的工具，概念和知识都寓于语言之中，一个人在学习语言时，他不仅仅在学习语词，同时还在学习与这些语词相关的思想。

二、心理发展规律

维果茨基提出了两条人的心理发展的客观规律：

(1)人的心理机能产生于人与人的协同活动和交往中，人所特有的心理机能不是个体内部自发产生的。

(2)基于第一条原则，维果茨基提出：由于人的心理机能产生于外部，所以人所特有的新的心理过程结构最初必须在人的外部活动中形成，随后才可能转移至内部，成为人的内部心理过程的结构。

所以，维果茨基阐明了儿童心理发展的一般法则："在儿童的发展中，所有的高级心理机能都两次登台：第一次是作为集体活动、社会活动，即作为心理间的机能；第二次是作为个体活动，作为儿童的内部思维方式，作为内部心理机能"。

三、最近发展区

最近发展区概念是维果茨基在1931—1932年提出来的。维果茨基的"最近发展区理论"认为学生的发展有两种水平：一种是学生的现有水平，指独立活动时所能达到的解决问题的水平；另一种是学生可能的发展水平，也就是通过教学所获得的潜力。两者之间的差异就是最近发展区。教学应着眼于学生的最近发展区，为学生提供带有难度的内容，调动学生的积极性，发挥其潜能，超越其最近发展区而达到下一发展阶段的水平，然后在此基础上进行下一个发展区的发展。

维果茨基的"最近发展区"理论是建立在高级心理机能的理论基础之上的。维果斯基认为，儿童具有某种天生的能力，例如感知觉、不随意注意、形象记忆等，这些能力是个体消极适应自然的心理能力，可称之为低级心理机能。在儿童与成人或更为成熟的同伴交往中，这些基本的心理机能发展为更为高级的、复杂的认知功能，如观察（有目的的感知）、随意注意、词的逻辑记忆、抽象思维等，称之为高级心理机能。他强调社会文化以及社会交往在儿童高级心理机能发展中的重要作用。

维果茨基将学生解决问题的能力分成了三种类别：学生能独立进行的、即使借助帮助也不能表现出来的、处于这两个极端之间的借助他人帮助可以表现出来的。维果茨基明确指出了教学与发展之间的关系，教学促进发展，教学应该走在发展的前面，"良好的教学应走在发展前面并引导之"。

最近发展区是社会文化理论的核心概念之一，它阐明了个体心理发展的社会起源，突出了教学的作用，教学应走在发展前面；彰显了教师的主导地位，教师是学生心理发展的促进者；明确了同伴影响与合作学习对儿童心理发展的重要意义；启发了对儿童学习潜能的动态评估。

【真题链接】

（2016年上半年）教师拟定教育活动目标时，以幼儿现有发展水平与可以达到水平之间的距离为依据，这种做法体现的是（　　）。

A.维果茨基的最近发展区理论　　B.班杜拉的观察学习理论

C.皮亚杰的认知发展理论　　D.布鲁纳的发展教学法

【答案】A

（2015年上半年）教育学上称“跳一跳可以摘到桃子”，这是说（　　）。

A.最佳期和敏感期　　B.转折期和危机期

C.关键期　　D.最近发展区

【答案】D

四、评价

1. 优点

（1）以素质教育为背景的我国当前教学改革倡导面向全体学生，使学生全面发展的现代发展式教学观。这一观点认为，教学的本质是激励学生的学习积极性，帮助学生全面发展。而维果茨基的最近发展区理论所倡导的教学观恰好与之暗合。维果茨基的观点在教学实践中极富指导意义。

（2）维果茨基发展理论开创了以唯物主义为指导思想的心理学理论体系，是心理的生物学化论的一大进步。

2. 缺点

维果茨基的理论对心理形成过程中生物因素的作用重视程度不够。

【本章小结】

通过阅读本章内容，可以看出不同理论流派的观点都有其强调的不同侧面，它们风格迥异，也有相似之处。每个流派的心理学家都在尝试从自己的角度对儿童心理发展的规律做出不同的解释，我们在实际教学工作中遇到的很多问题，都可以用不同流派的理论来佐证。但是，每个理论都有不全面的地方，现在的很多心理学家都采取了折中的态度：认为没有任何一种理论可以解释清楚人类心理发展的全貌，但同时又相信每种理论都在一定程度上对心理发展的研究做出了自己的贡献。作为未来的幼教工作者,我们要整合各种理论,站在前人的肩膀上看世界,同时也要培养辩证思维,在实践过程中多思多辨,形成自己对待教学的正确方法。

【考点扫描】

年份	2017年上	2016年下	2016年上	2015年下	2015年上
分值					
知识点分布	选①		选①	选①	简①
年份	2014年下	2014年上	2013年下	2013年上	2012年下
分值					
知识点分布	选①	选②			选①简①
备注	“选”代表单项选择题,“简”代表简答题,“论”代表论述题,“材”代表材料分析题,带圈符号代表该知识点出现的频率。				

【模拟练习】

一、单选题

1.孩子哭闹要买玩具,母亲对其不予理睬,这是(　　)。

A.正强化　　B.负强化　　C.惩罚　　D.消退

2.在婴儿表现出明显的分离焦虑现象时,表明婴儿已获得(　　)。

A.条件反射观念　　B.母亲观念

C.积极情绪观念　　D.客体永久性观念

3.根据皮亚杰的认知发展阶段理论,3~6岁的幼儿处于(　　)阶段。

A.感知运动阶段　　B.前运算阶段

C.具体运算阶段　　D.形式运算阶段

4.儿童能以命题形式思维,则其认知发展已达到(　　)。

A.感知运动阶段　　B.前运算阶段

C.具体运算阶段　　D.形式运算阶段

5.儿童心理发展潜能的主要标志是(　　)。

A.最近发展区的大小　　　　　　　　B.潜伏期的长短

C.最佳期的性质　　　　　　　　　　D.敏感期的特点

二、简答题

6.简述皮亚杰的认知发展理论对我国学前教育的启示。

三、论述题

7.茵茵已经上了中班，她知道把2个苹果和3个苹果加起来，就有5个苹果。但是问她2加3等于几时，她直摇头。根据上述案例简述：中班幼儿的思维特点以及对教育的启示。

推荐阅读

1.[奥地利]弗洛伊德.自我与本我[M].北京：九州出版社，2014.

2.[瑞士]皮亚杰.儿童心理学[M].北京：商务印书馆，1980.

第3章 婴幼儿身心发展特征与趋势

幼儿园中班，老师刚上了一堂绘画课，现在让大家自由活动。教室里，幼儿们一下子活跃开来，各自做着自己喜欢的事：有的在教室里跑跳追逐，有的在翻看故事书、漫画书，有的在跟其他小朋友聊天，有的则安静地在画画……从中可以轻易地看出，教室里哪些幼儿安静、沉稳，哪些幼儿活泼、好动，哪些幼儿自私、逞强。

其实，幼儿在3岁前就有了个性差异的最初表现，3～6岁的幼儿个性差异表现更加明显。那么，婴幼儿的身心发展有什么特点或年龄特征？发展的趋势是怎样的？如何更有效地指导婴幼儿开展活动？通过本章的学习，您或许能找到答案。

【学习目标】

知识目标：理解婴幼儿身心发展基本概念，掌握婴幼儿身心发展的基本特点和年龄特征；了解婴幼儿身心发展不同阶段的具体表现；掌握婴幼儿身心发展一般趋势和普遍规律；

技能目标：能够根据婴幼儿身心发展特征与趋势设计、实施相关教育活动；

情感态度目标：乐于与婴幼儿相处，一起参与活动。

【学习重难点】

掌握婴幼儿身心发展的年龄阶段特征、趋势；运用相关知识分析教育的适宜性，设计和实施教育活动。

【知识结构图】

- 婴幼儿身心发展特征与趋势
  - 婴幼儿身心发展的基本特点
    - 婴幼儿生理处于生长发育快速期
    - 婴幼儿处于心理发展的奠基阶段
    - 幼儿期孩子的个性开始形成
  - 婴幼儿身心发展的年龄特征
    - 婴儿期（0~1岁）的年龄特征
    - 幼儿早期（1~3岁）的年龄特征
    - 幼儿期（3~6岁）的年龄特征
  - 婴幼儿身心发展的一般趋势
    - 婴幼儿身体发育的趋势
    - 婴幼儿动作发展的趋势
    - 婴幼儿心理发展的基本趋势

第一节 婴幼儿身心发展的基本特点

一、婴幼儿生理处于生长发育快速期

(一)机体各部分机能发育迅速,但尚不成熟

婴儿期是新生儿出生后生理各方面发育成长的第一个高峰期,之后进入幼儿期,发育速度有所放缓,渐趋平稳,但与后期发展相比仍然非常迅速。这在幼儿生长发育最重要的评价指标身高、体重方面均有显著体现,幼儿期身高每年增加4~7厘米,体重每年增加约4千克。

婴幼儿机体新陈代谢旺盛,但机能发育远未成熟,对外界的适应能力以及对疾病的抵抗能力都较差,如肌肉力量差,容易疲劳和损伤;肌肉群发育不平衡,动作笨拙难以完成精细动作;容易感冒或受其他病毒感染等。因此,要多注意婴幼儿的坐、卧、立姿势,不要长时间让孩子爬行、跑跳,要塑造孩子良好的行为习惯,保护好孩子的个人卫生。

一般来说,婴幼儿身体发育有以下几个特点,即:身长中心点随着年龄的增长下移,体围发育的顺序是由上而下、由中心至末梢,各器官的发育不平衡,具有先后快慢的差别。

【真题链接】

(2015年下半年)评价幼儿生长发育最重要的指标是(　　)。

A.体重和头围　B.头围和胸围　C.身高和胸围　D.身高和体重

D【解析】生长发育的形态指标是指身体及其各部分在形态上可测出的各种

量度，如身高、体重、坐高、肩宽、头围等，其中身高和体重是最重要和常用的形态指标。

（二）大脑皮质细胞新陈代谢旺盛

人体的每个器官、系统都有其独特功能，这种功能直接或间接地在神经系统的调控下得以实现，神经系统对机体的一切活动起着主导作用。人的神经系统由周围神经系统和中枢神经系统两大部分组成，中枢神经系统包括脑和脊髓，其中大脑是中枢神经的最高部位。人类的大脑与其他动物有着本质的区别，人脑不仅是人的机体活动的主导者，更是思维活动的器官。

新生儿诞生后，脑的发育呈现出先快后慢的基本规律，新生儿约有390克，1周岁时达到900克左右，之后逐渐放缓，3周岁时约1000克，6周岁时1200克左右，基本接近成人脑的重量（成人脑组织在1400克左右）。

大脑皮质具有诸如视觉中枢区、听觉中枢区、运动中枢区、躯体感觉中枢区等机能分区，到幼儿末期，从各区成熟程度看，都已接近成人水平。需要注意的是，这些“区”（部位）如果受到损伤，人就会丧失相应的机能。然而脑皮质的分区机能又是相对的，即某一“区”如受损坏造成机能缺失，在一定条件下，别的“区”会发展出其本来不具有的机能或者使其原有机能更加敏锐和更具效能去代偿。脑的这种代偿机能，年龄越小就越大。

脑是心理的器官，大脑的发展是婴幼儿心理发展、智力形成的物质基础。幼儿期是人脑迅速生长且渐趋成熟的时期，它保证了幼儿心理智力活动迅速发展的可能性，是对孩子进行早期教育的重要时期。苏联教育家马卡连柯曾指出：“教育的基础主要是在5岁以前奠定的……在这之后，教育还要继续进行，人进一步成长，开花、结果，而您精心培植的花朵在5岁以前就已绽蕾。”

二、婴幼儿处于心理发展的奠基阶段

心理，或叫心理现象，是心理过程和个性心理特征的总称。产生心理的器官是脑。

心理现象每个人都有，包括感觉、知觉、记忆、想象、思维、情感、意志等，反映在日常生活中，就是我们所“看到”“听到”“闻到”“思考”的认知过程；事物带给我们“愉悦”“愤怒”等各种情感体验的情感过程；我们为某一目标而“下定决心”“不懈努力”的意志过程。人在接受外界刺激，经过大脑信息加工、做出反应的过程中，体现出不同的心理特点，这就是个性心理。它主要表现为需要、动机、兴趣、理想、信念等个性倾向性，以及能力、气质、性格等个性心理特征。

先天遗传和生理发展是人的心理发展的物质前提，后天的环境和教育是人心理发展的关键。所以，遗传只为孩子身心发展提供生物前提，使身心发展具备了可能性，而后天环境特别是教育的优劣，对实现这种“可能”起着决定性作用。环境和教育施加影响的过程就是孩子社会化的过程。

幼儿期是孩子社会化的初始期，是个人心理发展的重要奠基阶段。一般来说，在正常生活环境和教育条件下，幼儿期孩子心理发展有以下特点：一是幼儿认知活动具有明显的无意性。即在认知活动中，没有预订目的、无须意志努力，自然而然进行的注意、记忆、想象等心理活动占据优势地位，心理学中称为无意注意、无意记忆、无意想象等。二是幼儿认识活动随着年龄增长体现出从无意性向有意性逐渐过渡的发展趋势。所谓有意性，是指具有明确目的、需要经过意志努力的心理活动。幼儿认知活动从无意性为主向有意性为主转变，且随着年龄增长这种转变愈加明显、迅速。

三、幼儿期孩子的个性开始形成

如前文所述，所谓个性，即人的个体差异性，包括需要、兴趣、理想、信念等个体意识倾向性以及在气质、能力、性格等方面表现出来的经常、稳定的个性心理特征。

幼儿在3岁前就已经表现出了最初的个性差异。在3～6岁幼儿身上，个性差异有了更加明显的表现：在气质、性格方面，有的幼儿安静、沉稳、反应慢，有的好动、灵敏、反应快；有的活泼开朗，能与其他幼儿友好相处，有的则喜欢逞强、自私、霸道；有的爱学习、爱看书、爱听故事，有的浮躁、贪玩、粗心。在个性倾向方面，比如是否喜欢唱歌、跳舞、画画、手工、写字、计算等各种活动，也较为明显地显示出各自的爱好和特长。

虽然幼儿期孩子的个性有所展现，但整体处于个性形成的初始阶段，离个性定型还相差甚远，随着环境和教育的影响还会不断发展、变化。幼儿期多数时间在家庭中度过，父母是孩子的第一任老师，这个时期的家庭教育显得尤为重要。家长对幼儿不可娇惯与溺爱，要多为其创造与其他儿童接触的机会，指导孩子处理好与小朋友之间的关系，帮助他们组织丰富有趣、有益的活动，提供必要的设备。让孩子在和谐温馨的家庭中，在与小朋友们的共同活动与游戏中，增长知识，开阔视野，体会分享、友爱、守纪、勇敢、助人的快乐，促进幼儿个性良好发展。

总的来说，婴幼儿身心发展进程具有如下一些基本特点：一是发展的方向性和顺序性；二是发展的连续性和阶段性；三是发展具有不平衡性；四是发展的个别差异性。

【真题链接】

(2013年下半年)请根据幼儿园教育的特点和幼儿身心发展的规律，论述幼儿园教育为什么不能"小学化"。

【答案】幼儿园教育的特点：幼儿园教育是基础教育的重要组成部分，是我国学校教育和终身教育的奠基阶段；城乡各类幼儿园都应该从实际出发，因地制宜地实施素质教育，为幼儿一生的发展打好基础。幼儿园应为幼儿提供健康、丰富的生活与活动环境，满足他们多方面发展的需要，使他们在快乐的童年生活中获得有益于身心发展的经验。

幼儿身心发展规律：(1)方向性和顺序性。(2)连续性和阶段性。(3)不平衡性。(4)个别差异性。

幼儿园教育为什么不能"小学化"：(1)"小学化"倾向不利于幼儿未来的学习；(2)"小学化"倾向严重干扰了正常教学秩序的开展；(3)"小学化"倾向不利于幼儿身体的发展；(4)"小学化"倾向不利于幼儿的全面发展。

第二节
婴幼儿身心发展的年龄特征

一、婴儿期（0~1岁）的年龄特征

从新生儿诞生到一周岁，称为婴儿期，或叫乳儿期。这一年是儿童生理发展最为迅速的时期，也是儿童心理开始发生和心理活动开始萌芽的阶段。

（一）婴儿身体的生长与动作发展

自孩子诞生后，婴儿期身体生长发育最为迅速。头几个月，每月身高平均增长3厘米以上，到1岁时可达70~75厘米，体重也可达9~10千克。同时其神经系统也迅速发育，动作开始发展。

1. 新生儿的本能动作反应

（1）新生儿环境的变化

新生儿出生后环境发生了巨大变化，由胎内恒温、安静、黑暗的环境变为胎外的比较嘈杂、光亮、温度不定的环境，同时其个体也实现了由寄生到独立进行生命活动的根本性转变。

（2）新生儿的本能动作

人的本能动作，或称之为无条件反射，是与生俱来、不学而能的，这在新生儿身上有着充分体现。下面简述几个：

眨眼反射。当物体或气流刺激眼皮或眼角等时，新生儿会做出眨眼动作。这是一种防御性的本能，可以保护眼睛。

吮吸反射。当奶头、手指或其他物体碰到新生儿的脸，并未直接碰到他的嘴唇，新生儿也会立即把头转向物体，张嘴做吃奶的动作。

抓握反射。物体触及掌心，新生儿会立即把它紧紧握住。如用小棍棒触碰新生儿的手掌，他会立即紧握小棍棒。这时大人甚至可以仅仅是拉住棍棒，就能把孩子身体带起来，让他直立。

巴宾斯基反射。当物体轻轻地触及新生儿的脚掌时，他会本能地竖起大脚趾，伸开小趾，这样使5个脚趾呈扇形。

巴布金反射。如果新生儿的一只手或双手的手掌被压住，他会转头张嘴，当手掌上的压力减去时他会打哈欠。

儿童先天带来的本能动作有不同性质。有的对新生儿保护自己和维持生命有现实意义。如眨眼反射属于防御性无条件反射，吸吮反射属于食物性无条件反射。另一些无条件反射，对新生儿的生存没有实际意义，在儿童成长过程中会逐渐消失。如6个月以后的婴儿，不再出现巴宾斯基反射，物体接触脚掌时代之以脚趾向内弯曲，而不是呈扇形。无条件反射是建立条件反射的基础。儿童的各种心理活动，即用以应答外界环境刺激的条件反射，是在无条件反射的基础上建立的。

2. 与心理发展关系密切的几种动作发展

(1)坐、爬、站、走的发展。遵从动作发展的上述规律。

(2)手的动作发展。手是人进行活动和认识事物的主要器官。婴儿认识事物的能力很大程度上与双手动作的发展相联系。

4个月前的婴儿，抓握物体多带有无条件反射的性质，接触到什么就抓什么，且手指配合不当，拇指和其他四指方向一致，整只手弯起来一把抓，手上动作与视线还不能协调起来。

4~5个月时，手的动作与视线逐渐协调起来，能够伸手拿到看见的东西。

6个月到1岁，儿童的手日益灵活，主要表现在：一是五指分工的出现和发展，大拇指的动作和其他四指逐渐分开，抓握物体时能把大拇指放在一边，其他四指放在另一边，这就形成了所谓“五指分工”动作；二是双手配合，孩子开始用两只手配合拿东西，也能够把一只手拿着的东西传到另一只手里；三是重复连锁动作，如反复把一个小玩具放在盒子里，又拿出来，持续数分钟甚至十余分钟；四是摆弄物体，手不再是无意乱动，而是开始针对物体来活动，把东西搬来搬去，拨来拨去，敲打、摇晃。

【真题链接】

(2014年下半年)婴儿手眼协调发生的时间在(　　)。

A.2~3个月　　B.4~5个月　　C.7~8个月　　D.9~10个月

B【解析】4个月以后的儿童,他们会用一只手够自己想要的物品,并能抓握物品。因此,婴儿手眼协调发生的时间是4~5个月。

3.动作发展的一般规律

儿童动作的发展遵循着一定的客观规律。

(1)从整体动作到局部的、准确的、专门化的动作。

儿童最初的动作是全身性的、笼统的。比如,新生儿受到疼痛刺激后,边哭喊边全身乱动。以后,婴幼儿动作逐渐局部化、准确化和专门化。

(2)从上部动作到下部动作,即首尾规律。

儿童动作的发展先从上部动作开始,也就是离头部最近的部位的动作先发展。婴儿最早出现的是眼的动作和嘴的动作,然后学会了抬头,之后俯撑、翻身、坐和爬、站和行走等动作依次发展起来。

(3)从中央部位动作到边缘部位动作,即近远规律。

婴儿最早出现的是头和躯干的动作,然后是双臂和腿部的动作,最后才是手、足前端的动作。即靠近中央的部位(头和躯干)动作先发展,然后是远离身体中央的边缘部位(臂、腿、手、足)动作的发展。

(4)从大肌肉动作到小肌肉动作,即大小规律。

动作可以分为粗大动作和精细动作。婴幼儿先从粗大动作也就是大肌肉群的动作开始,如头部动作、躯体动作等。而后才学会比较灵巧精细的动作即小肌肉群动作,如手和脚的动作。大小规律在四肢动作的发展上十分明显,婴儿先是用整只手臂和手一起去够物体,以后才会用手指去拿东西。

(5)从无意动作到有意动作,即无有规律。

婴儿最初的动作是无意的,之后随着身心的发育,他们的动作行为越来越多地受到心理、意识的支配,向有意动作转变,并从以无意动作为主向以有意动作为主的方向发展。比如,新生儿会用手紧握小棍,这是无意的、本能的动作,几个月后才逐渐能够有意地、有目的地去抓握物体。

(二)婴儿心理的发展

研究证明,胎儿就具有有限的心理活动,但是只有在胎儿出生成为婴儿,心理活动才得到大大的发展,因为实践是心理发展的源泉。婴儿心理发展的主要特点有:动作发展对心理发展的意义重大;感知觉发展迅速;依恋的产生是情绪情感发展的重要标志;处于言语发展的重要期。

婴儿心理发展大致可以分为三个阶段:

(1)感觉和知觉是心理发展的基础。

4个月以前的新生婴儿由于能力限制,只能通过眼睛、耳朵、鼻子来看、听、嗅,以感觉环境的变化。

(2)婴儿的高级心理活动得到发展阶段。

在感知觉发展的基础上,婴儿思维、意志、兴趣和各种情感体验等高级心理活动得到了发展。爬行是婴儿高级心理活动发展的一个里程碑,因为在婴儿不能移动身体以前,思维、意志等高级心理活动基本没有,而当婴儿学会人生第一个远距离移动身体的动作——爬行时,情况就完全不一样了,当他看见自己喜欢的东西时,就想去拿,这就是思维;在爬行过程中需要意志力,拿到后具有成就感这就是情感体验。这些高级心理活动在婴儿会爬以前很少出现。婴儿爬行的出现要比直立行走早5~6个月,这5~6个月是人脑发育的关键期。

(3)出现初级的人际交往。

新生儿末期开始出现明显的"天真活跃反应"交往行为,即当成人的脸出现在婴儿视野中时,婴儿马上停止活动,能与成人进行"眼睛对话",即片刻的目光交流,并会微笑,手舞足蹈。成人往往将其看作是婴儿发出的交往信号,同时给予回应。半岁左右,婴儿开始主动与成人交往,当母亲不在时会自觉地发出各种信号呼唤,其中最常用的手段是哭。这时的啼哭并非因饥饿或身体不适,只因无人理睬,妈妈只要把脸凑过来和他讲话,哭声就停止了。半岁到一岁,交往的愿望更加强烈,交往行为更复杂,同时产生一种特殊情感——依恋。

二、幼儿早期(1~3岁)的年龄特征

幼儿早期是儿童生长发育的又一个重要时期,是进入幼儿园以前的一个阶段。幼儿园的儿童称为学前儿童,因此三岁前的儿童也称为先学前儿童,幼儿早期也称为先学前期。这时期是人类心理特点真正形成的时期,集中表现在儿童在此阶段学会走路,开始说话,思维发展,有了最初的独立性。可以说,人的各种

心理活动是在这个时期才逐渐齐全的。因此，这个阶段家庭和保教人员对他们的教育引导非常重要。

(一)幼儿早期的生理发育与动作发展

1. 生理发育

1~3岁的儿童，身体生长是比较迅速的，身长几乎是初生时的一倍，体重几乎是初生时的四倍。骨骼还没有完全硬化，耐劳力较差，但与婴儿期相比，耐劳程度有所增加，已能保证儿童从事一些基本的活动，如跳跃、上下楼梯、攀登小梯子等。

从神经系统看，1~3岁儿童两年内脑的重量增加到1000克左右。脑重增加的速度仅次于婴儿期。3岁儿童的脑重跟成人的脑重相比，相差不过400克左右。在脑的结构上，不但细胞体在增大，神经纤维也在加长，这就使大脑机能进一步发展，兴奋和抑制过程的情况有了改善。

2. 动作发展

1~3岁的儿童与1岁前相比，动作发展比较显著的特点是动作增多、熟练化和复杂。

(1)手的动作。1岁时，儿童的手逐渐灵活。1岁半以后逐渐学会把物体当"工具"来恰当使用，也就是说不再只是敲敲打打，如：用杯子喝水，用勺吃饭等。2岁以后，开始学着自己用筷子吃饭、洗手、穿脱衣服、系扣子等。学会的动作越来越复杂化。

(2)身体动作。1岁左右，儿童开始学习独立行走。开始时还走不稳，步子僵硬，头向前，前脚掌着地，走得很快，经常跌倒。这是因为儿童身体各部分比例同成人不同，头重脚轻，导致走路时难以保持平衡，以及神经系统协调动作的能力尚未发育完善、全身动作不能协调一致等原因。2岁左右，孩子走路已经熟练，同时学会了双脚原地跳和原地站立踢球，学会了跑和攀登，并且很少跌跤。到3岁时，能够进行独脚跳等比较复杂的动作。

动作的发展，使儿童得到了解放。他们可以自由活动，从而开阔了视野，扩大了认识范围。在动作发展的基础上，3岁左右逐步出现了最初的有目的的活动。

模仿性游戏活动。在运用物体的基础上，开始通过一些比较复杂的动作来反映现实，这就是最原始的最低水平的游戏。这种游戏还只是重复模仿日常所见的成人所做的某些动作。如用布帕给洋娃娃盖被子、给布娃娃喂东西等。

最原始的学习活动。两三岁的儿童开始喜欢模仿成人“写字”，实际上他们只是拿着笔在纸上乱画圈圈和线条。

最原始的劳动活动。两三岁的儿童已经可以做一些简单的自我服务性的劳动，如洗手、倒水喝、吃饭、穿衣、搬凳子坐，还能学着做“扫地”“切菜”“洗碗”“抹桌子”等动作。

正是这些基本的活动，尤其是游戏活动对两三岁儿童的感知、注意、记忆、思维和语言的发展起着极其重要的作用。

（二）幼儿早期的心理发展

1~3岁是儿童心理发展的一个重要转折期，这期间出现了许多对人的发展有重要影响的事件。

1. 语言能力发展迅速

随着与成人的交往日益深入，婴儿主要的交际工具——身体接触、表情等渐渐不太适用了，而言语交际的优越性越来越明显。这促进了先学前期儿童言语能力的迅速发展。如果说，婴儿期是掌握本族语言的准备期，那么，先学前期则是初步掌握本族语言的时期。这个阶段大致又可分为1岁至1.5岁和1.5岁至3岁两个时期。

1岁至1.5岁是单词句时期。这个时期儿童语言的特点是：

（1）单音重复。如说“妈妈”“爸爸”“抱抱”等。

（2）一词多义。如儿童说“椅”，可以代表“拿椅子来”、将东西“放在椅子上”、姐姐“拿走了他的椅”等意思，到底是哪一个含义需根据当时语境来判断。

（3）以音代物。会模拟其他声音来指代物体，如叫汽车为“di-di”（嘀嘀）。

（4）词的内容限于与日常生活有关的事物，而且多数是名词。

1.5岁至3岁的儿童是多词句时期。这个时期可以说是儿童语言能力发展的跃进阶段，说话积极性非常高。主要特点是：

（1）开始使用“电报句”。1.5~2岁的儿童语言能力发展处于双词句阶段，主要表现在开始说“电报句”，即由双词或三词组合在一起的句子，但句中常常省略了如助词、介词等功能词，就像我们发电报时用的语言。

（2）多词句、复合句开始出现。随着掌握的词语数量增多，儿童可以说一些简单的多词句，一般包括二至三个或三到四个词，如“妈妈再见”“爸爸上班”“哥哥看电视”等。同时，也出现了复合句，但这个阶段的复合句只是两个简单句的组合，还不会使用连接词，如“不要你，我自己弄”等。

（3）语言的概括作用发展起来。比如“猫”“狗”已不只是代表自己家里的“猫”“狗”，还代表着他曾见过的各色各样的“猫”“狗”。

3岁左右的儿童已掌握了一些最基本的词、词类，学会了一些简单的句子，他们的话基本上符合语法要求。在短短的两三年里，儿童不仅能理解成人对他说的话，而且能够运用口语比较清楚地表达自己的思想，同时，还能根据成人的言语指示调节自己的行为。因此，言语的形成和发展促进了心理活动的有意性和概括性的发展。

【真题链接】

（2016年上半年）1岁半的儿童想给妈妈吃饼干时，会说“妈妈”“饼”“吃”，并把饼干递过去，这表明该阶段儿童语言的一个主要特点是（　　）。

A.电报句　　B.完整句　　C.单词句　　D.简单句

A**【解析】**电报句指的是幼儿在1岁半开始到2岁的阶段，使用双词或者三词组合的句子，在句子中常常是缺失了某一部分功能词如助词、介词，类似发电报时的语言，因此称为电报句。单词句指的是用一个词来表达意思。

2. 思维和自我意识的萌芽

思维是高级的认知活动，是智力的核心。先学前儿童的思维在实物活动中出现了，使他们的整个心理活动发生了巨大的变化。它的发生，不仅意味着儿童的认知过程已基本形成，同时也引起原有的低级认知过程的质变：知觉不再单纯反映事物的外部特征，也开始反映事物的意义和事物之间的关系，成为“理解性的”知觉，即思维指导下的知觉；记忆的理解性增强了，有意性也出现了；情绪情感逐渐深刻；意志行动产生了；儿童的心理开始具有最初的系统性。但先学前儿童的思维总是在动作中进行的，离不开对事物的感知和自身的动作，具有直觉行动性。

自我意识就是个体对自身及所作所为的看法和态度。儿童在与他人的交往中，在与客观事物的相互作用中，通过“人”与“我”，“物”与“我”的比较，逐渐认识到作为客体的外部世界与作为主体的自己之间的区别，从而形成对自己的认识。大约2岁，孩子出现自我意识的萌芽，其突出的表现为独立行动的愿望很强烈，并逐渐学会用代词“我”来指代自己。

三、幼儿期(3~6岁)的年龄特征

(一)幼儿期的身体发育

幼儿期,又称为学前期。这个时期孩子的生长速度不像以前那么快,身高每年增加4~7厘米,体重每年增加4千克左右。身体的生物机能发育还不成熟,对外界环境的适应能力和对疾病的抵抗能力都比较弱。肌肉的发育处于不平衡阶段,大肌肉群发育得早,小肌肉群发育还不完善,而且肌肉的力量差,容易受损伤。这个阶段肌肉发育的特点是对于跑、跳已经很熟练,但是手上动作相对笨拙,一些比较精细的动作完成难度较大。幼儿皮肤娇嫩,特别容易受伤或受到感染,对温度的调节功能比成人差,因此当外界温度突变时,容易受凉或中暑。听觉和嗅觉能力很强,但是外耳道却比较狭窄,到3岁时外耳壁还未完全骨化和愈合,而且他们的咽鼓管即鼻咽腔与鼓室之间的通道比成人粗短,呈水平位。

(二)幼儿期的心理发展

1. 游戏在幼儿心理发展中的地位和作用

游戏是满足儿童需要的一种基本活动方式。幼儿期儿童由于动作和语言的发展、生活范围的扩大、独立性的增强以及对周围事物的浓厚兴趣,产生了参加成人的某些社会实践活动的强烈愿望。但是幼儿年龄小,受到知识、经验、能力的限制,不可能真正像成人一样参加社会实践活动。这也就是说,幼儿渴望参加成人社会实践活动的需要同从事这些活动的知识经验和能力水平之间发生了矛盾,而游戏是解决这个矛盾的最好的活动方式。

游戏是促进幼儿认知发展的强有力的工具。游戏是幼儿认识世界的一种手段,游戏中蕴含着大量的学习。例如,儿童在搭积木、玩沙箱等建筑游戏中,能够认识各种建筑材料、各种物体的性质和特点,获得初步的物理经验,认识到只有把大积木放在下面,小积木放在上面,“楼房”才能站稳。游戏时,儿童的各种感官都要参加,从而促进了感知能力的发展。游戏所表现的往往是幼儿经历过的事情,幼儿必须有意识地回忆以往的知识经验,在游戏中幼儿必须有意识地记住游戏规则,这就促进了有意记忆和有意注意的发展。幼儿在共同确定游戏主题、制作“道具”、构思情节等系列活动中,积极思考、解决问题,这样,思维能力得到了锻炼和提高。

游戏有助于儿童去自我中心。幼儿在游戏中总是以角色自居,力图像扮演的人物那样行动，要做到这一点，幼儿必须站在所扮演的人物的角度上，去想象其可能的行为。因此，在游戏中幼儿逐渐学会站在他人角度考虑问题，有利于儿童去自我中心。

游戏有利于培养儿童的自制力。由于游戏对幼儿巨大的吸引力，因此比较容易激励他们克服困难，努力达到一定目的，从而锻炼幼儿的意志。马努依连科的实验发现：幼儿在游戏条件下（哨兵站岗）坚持站立不动的时间，远远超过仅仅按照成人的要求而站立的时间。

2. 幼儿期各阶段的心理特点

（1）3~4 岁幼儿心理特点。

3 岁对于多数儿童来讲，是生活上的一个转折点，因为从 3 岁起，儿童开始离开父母进入幼儿园，过起集体生活，这个变化比较大。3~4 岁幼儿的心理发展具有以下特点：

喜欢模仿。看见别人玩什么，自己也玩什么；看见别人有什么，自己就想要什么。因此，在教育工作中要为幼儿树立良好的模仿样板。

行为受情绪支配。情绪性强是整个幼儿期儿童的特点，但年龄越小越突出。如高兴时听话，不高兴时说什么也不听；喜欢哪位老师，就特别听他的话。此外，情绪还缺乏稳定性，如未得到喜欢的玩具就哭，得到了马上又破涕为笑。

思维具有直觉行动性。主要依靠动作和视觉进行思维。如让他们数一数桌上摆放的饼干有几块，他们就会用手一块一块地数才能弄清，而不能心里默数。由于这个时期幼儿的思维很具体，很直接，只能从表面去理解事物，因此要注意正面教育诱导，而不能讲反话，否者会带来违反施教者本意的不良效果。对孩子提要求时也要具体，如最好说“眼睛看着老师！”而不要说“注意听讲！”，因为他们不容易接受这种抽象的要求。

【真题链接】

（2014 年上半年）幼儿难以理解反话的含义，是因为幼儿理解事物具有（　　）。

A.相关性　　B.表面性　　C.形象性　　D.绝对性

B**【解析】**幼儿从对事物做简单、表面的理解，发展到理解事物较复杂、较深刻的含义需要一个过程。幼儿理解事物具有表面性，对幼儿，尤其是小班幼儿千万不要说反话，要坚持正面教育。幼儿对语言中的转义、喻义等较难理解。

(2)4~5岁幼儿心理特点。

4~5岁幼儿已经适应了幼儿园的生活，加上身心各方面的发展，显得非常活跃好动。这期间具有如下特点：

活泼好动。总是手脚不停地变化姿势和活动方式。如果要求他们安静地坐一会，他们很快就会表现出倦意，如果此时让他们自由活动，他们立即就会生龙活虎。正是由于活泼好动，使他们的身体得到了锻炼，活动能力得以增强，视野不断开阔。很多研究发现，这是幼儿许多心理品质发展最快的时期。

爱玩、会玩。4岁以前幼儿虽然爱玩但不大会玩，5岁以后由于即将进入学龄期，学习内容增加而游戏时间开始减少。因此，4~5岁属于典型的游戏年龄阶段，是角色游戏的高峰期，幼儿已经能计划游戏内容和情节，会自己安排角色。怎么玩、有什么规矩、不遵守规矩怎么处理，基本都能商量，但游戏过程中产生的一些矛盾还需要教师或家长的帮助和解决。

思维具体形象。此阶段的幼儿在解决简单问题时可以不再依赖行动来思维，但必须借助于实物的形象。比如，他们知道3个苹果加2个苹果是5个苹果，但不理解"3加2等于几"。事物的形象和具体生活经验常常影响他们的思考和对问题的理解。比如，他们常常认为"儿子"一词的意思就是"小孩"，当听说一个大人是某某的儿子时，就会觉得不可思议，"这么大，还是儿子？"。他们理解"能吃苦"的意思就是"能吃掉很多带苦味的东西"。

【真题链接】

(2016年上半年)一名4岁幼儿听到教师说"一滴水，不起眼"，结果他理解成了"一滴水，肚脐眼"。这一现象主要说明幼儿(　　)。

A.听觉辨别力较弱　　B.想象力非常丰富

C.语言理解凭借自己的具体经验　　D.理解语言具有随意性

C【解析】四五岁儿童的思维具有具体形象的特点，在理解成人语言时，时常凭借自己的具体经验。

(3)5~6岁幼儿心理特点。

好学、好问、喜欢探究。好奇是幼儿共同的特点，但5岁以前的好奇心较多表现在对事物表面的兴趣上，看见什么都想去摸摸，去摆弄，他们经常问"这是什么""那是什么"。5岁以后进入幼儿晚期，不仅表现出好学好问，还展现出爱探究的特点，他们不再限于问“是什么”，还要问“为什么”，问题的范围从天文地理到花鸟鱼虫无所不有，不仅希望得到成人的帮助解答，同时还通过自己的尝试、实验去发现问题，寻求答案。好学、好问是求知欲的表现，家长、教师要注意予以保护。例如，对类似破坏玩具的行为不要简单地训斥，而应该加以正面引导，一面耐心讲道理，一面向幼儿介绍一些简单的机械原理，满足他们渴求知识的愿望。

抽象概括能力开始发展。这个阶段的幼儿虽然仍以具体形象思维为主，但已有了抽象概括性思维的萌芽。例如，开始掌握一些比较抽象的概念（如左右、上下、前后）；能对熟悉的物体进行简单分类（南瓜、茄子、西红柿都是蔬菜，苹果、香蕉、葡萄都是水果）；也能初步理解事物的因果关系（针是铁做的，所以沉到水底下了；火柴棒是木头做的，所以能浮上来）。

个性初步形成。这个阶段的幼儿逐渐形成了比较稳定的心理特征。开始能够控制自己，做事也不再“随波逐流”，显得比较有“主见”。对人、对己、对事开始有了相对稳定的态度和行为方式。有的热情大方，有的胆小害羞，有的活泼，有的文静，有的有强烈的责任感，有的爱唱歌跳舞，有的显示出绘画的才能……家长和教师在进行教育时，要注意因材施教，针对各人特点，长善救失，帮助幼儿健康成长。

3. 幼儿期心理发展的一般特点

（1）认识活动的具体形象性。

幼儿主要通过感知、依靠表象来认识事物，具体形象的表象左右着幼儿的整个认识过程。甚至思维活动也常常难以摆脱知觉印象的束缚。如两排相等数目的棋子，如果等距离摆开，幼儿都知道是“一样多”，但如果将其中的一排棋子聚拢，不少幼儿就会认为密的这一排棋子少些，因为“比那一排短”。可见，幼儿辨别数目的多少要受棋子排列形式的影响。所以说幼儿的思维也是以具体形象性为主要特点的。

（2）心理活动及行为的无意性。

幼儿控制和调节自己心理活动和行为的能力仍然很差，很容易受其他事物的影响而改变自己的活动方向，因而行为表现出很大的不稳定性。这种状况随着年龄的增长和教育的影响逐渐改变。

（3）开始形成最初的个性倾向。

3岁前，儿童已有个性特征的某些表现，但不稳定，容易受到外界的影响而改变，个性表现的范围也有局限性，很不深刻，一般只在活动的积极性、情绪的稳定性、好奇心的强弱程度等方面反映出来。3岁以后，幼儿个性表现的范围比以前广阔，内容也深刻多了。无论是在兴趣爱好、行为习惯和才能方面，还是对人对己的态度方面，都开始表现出自己独特的倾向。这时的个性倾向与以后相比虽然还是容易改变，但已成为一生个性的基础或雏形。

第三节 婴幼儿身心发展的一般趋势

一、婴幼儿身体发育的趋势

婴幼儿身体生长发育的趋势，或者是普遍性的特点，包括：

身长中心点随着年龄增长而下移。婴幼儿身长的增长主要是由于下肢长骨的增长。婴儿的身体比例不协调，下肢很短，小儿身长的中点位于脐以上。随着年龄的增长，下肢增长的速度加快，身长的中点逐渐下移。1岁时身长中点移至脐，6岁时移到下腹部。

体围发育的顺序是由上而下、由中心至末梢。体围是指绕身体某个部位周围线的长度，通常由头围、胸围、腰围、臀围等指标组成。婴幼儿身体发育的顺序是头部最先发育，然后是躯干、上肢，最后才是下肢。即由上而下，由中心而末梢。婴幼儿四肢的发育，无论是骨骼、肌肉、血管和神经，都是按先中心后末梢的顺序进行的。

运动器官发展逐渐完善，调节支配运动能力不断增强。随着年龄增长，幼儿各种运动器官发展日益完善，对运动的调节支配能力也极大增强，不仅能够从事一些简单的运动，还能完成一些比较复杂的运动技能。

此外，婴幼儿各器官系统的发育呈现出不平衡性，有先后快慢的差别。如：神经系统最先发育成熟，而生殖系统到儿童期末才加快发育。

二、婴幼儿动作发展的趋势

幼儿动作与运动能力的发展具有从上至下、由近而远、由粗到细、从头至尾、由整体到局部等规律。动作的发展在3岁前已基本完成，此后只是向更准确、更有组织、更协调的方向发展。

1. 从全身性的笼统动作向局部的、准确的专门化动作发展

婴儿最初的动作是全身性的、笼统的，这些动作与大肌肉群联系紧密。此后随着年龄增长、身体发育特别是运动器官和小肌肉群的发育，他们的动作逐渐趋于局部化、准确化和专门化。如儿童先发展的是与手臂大肌肉群相联系的伸臂，以后才逐渐发展与手指小肌肉群相联系的抓、握、拿等动作。

2. 从机械的、简单的不协调动作向更熟练、更协调的复杂动作发展

儿童早期的动作，大多是重复一些机械的、本能的动作，之后逐渐发展到同时转头、伸手，手眼协调地拿取物体，然后再进一步发展到能从事由多种动作组成的游戏活动。

3. 从不随意性动作向随意性动作发展

动作的不随意性和随意性，是由动作的主动性和目的性来区别的。儿童的动作，最初是不随意的、无目的、由客观刺激引起，如头随着光线的方向转动，有东西接触到手时就本能地去抓握。以后，随意动作逐渐发展起来，这时客观刺激不在眼前或没有直接接触儿童，动作也会出现，而且通过动作，主动地、有目的地去接触事物，认识事物。

三、婴幼儿心理发展的基本趋势

（一）从简单到复杂

儿童最初的心理活动，只是非常简单的反射活动，以后逐渐复杂化、多样化。这种趋势主要表现在两个方面：

1. 从不齐全到齐全

儿童的各种心理过程在出生的时候并非已经齐全，而是在发展过程中逐步形成的。

2. 从笼统到分化

儿童最初的心理活动是简单的，笼统的，后来逐渐复杂和多样化、清晰化。

（二）从具体到抽象

在婴幼儿期的绝大部分时间里，儿童一直以具体形象思维为主。但到5~6

岁时，幼儿开始出现了抽象思维的萌芽。如能根据概念对事物进行简单的分类，在进行简单的加减运算时也不再依赖具体的实物。说明他们在解决问题时，不再只是从表面现象出发。

（三）从被动到主动

儿童心理活动最初是被动的，主动性是后来才发展起来的，儿童心理发展的这种趋势主要表现在两个方面：

1. 从无意到有意发展

新生儿的原始反射是本能活动，是对外界刺激的直接反应，完全是无意识的。随着年龄的增长，儿童逐渐开始出现自己能意识到的，有明确目的的心理活动，然后发展到不仅意识到活动的目的，还能意识到自己的心理活动的进行情况和过程。

2. 从主要受生理发展制约到自己主动调节

两三岁的孩子注意力不集中，主要是生理上的不成熟所致。随着生理的成熟，心理活动的主动性也在发展，四五岁的孩子在某些活动中能集中注意力，而在某些活动中则不能，表现出个体的主动选择和调节。

（四）从零乱到成体系

儿童的心理活动最初是零散的，心理活动之间缺乏有机的联系。比如，幼儿一会儿哭，一会儿笑，一会儿说东，一会儿说西，都是心理活动没有形成体系的表现，因为不成体系，所以特别容易变化。随着年龄的增长，心理活动逐渐组织起来，有了系统性、整体性，有了稳定的倾向，开始形成每个人特有的个性。此时，要特别注意对幼儿不良行为方式给予引导、纠正，否则它就会稳定下来，形成不良性格，对幼儿以后的成长造成不好的影响。

【本章小结】

婴幼儿在不同年龄阶段具有不同的身心发展特征。本章从婴幼儿身心发展的基本特点、年龄特征和一般趋势几个方面做了简要介绍，有助于我们在和不同年龄儿童接触时，针对他们的特点进行教育。同时，也将为本课程后面的学习奠定基础。

【考点扫描】

年份	2017年上	2016年下	2016年上	2015年下	2015年上
分值					
知识点分布	选①		选②	选①	
年份	2014年下	2014年上	2013年下	2013年上	2012年下
分值					
知识点分布	选②	选①简①	论①	选①	
备注	"选"代表单项选择题,"简"代表简答题,"论"代表论述题,"材"代表材料分析题,带圈符号代表该知识点出现的频率。				

【模拟练习】

一、单项选择

1.苏联教育家马卡连柯指出,教育的基础主要是在(　　)岁以前奠定的。

A.3岁　　B.4岁　　C.5岁　　D.6岁

2.(　　)是人心理发展的关键。

A.遗传素质　　B.生理发展

C.神经系统完善　　D.环境和教育

3.在幼儿语言发展过程中,1~1.5岁是(　　)时期。

A.单词句　　B.多词句　　C.电报句　　D.复合句

4.两排数目相等的棋子,一排摆放密集一些,幼儿会认为这一排棋子比另一排少,因为"比那一排短",这反映了幼儿认识活动的(　　)

A.无意性　　B.具体形象性　　C.随意性　　D.生动性

二、简答题

5.简述婴幼儿身体发育的特点。

6.简述儿童动作发展的一般规律。

7.简述婴幼儿心理发展的基本趋势。

推荐阅读

[1]曹中平.幼儿教育心理学[M].大连:辽宁师范大学出版社,2001.
[2]刘金花.儿童发展心理学(第三版)[M].上海:华东师范大学出版社,2013.

第 4 章
幼儿的身体发育与动作发展

下午起床时间，贝贝手里拿着鞋子，小眼睛东张西望，既不要求老师帮忙，也不自己试着穿鞋。其他小朋友都穿好鞋或请老师帮忙穿好鞋。然后都去小便、洗手，准备吃点心，但她还是站在那里一声不吭。这时，她旁边的小雨穿好鞋子后接过贝贝的鞋子帮她穿了起来。原来这一段时间，贝贝的鞋子都是由她的好朋友小雨帮她穿好的。

【学习目标】

知识目标：

1.掌握幼儿身体发育与动作发展的规律；

2.掌握幼儿身体发育的保育要点；

3.理解幼儿身体发育的特点；

4.了解幼儿动作发展的影响因素。

技能目标：

能根据幼儿身体发育与动作发展的特点判断并分析幼儿身体发育与动作发展的实际情况。

【学习重点】

1.掌握幼儿身体发育与动作发展的规律与特点；

2.能够判断并分析幼儿身体发育与动作发展的实际情况。

【知识结构图】

- 幼儿的身体发育与动作发展
  - 幼儿身体发育的特点
    - 幼儿身体发育的基本规律
    - 幼儿身体发育的特点与保育要点
  - 幼儿动作发展的特点
    - 幼儿动作发展的规律
    - 幼儿动作发展的特点
    - 幼儿动作发展的影响因素

第一节 幼儿身体发育的特点

一、幼儿身体发育的基本规律

1. 幼儿身体发育是连续性和阶段性的统一

幼儿发育从幼稚到成熟是个连续的过程，不是间歇式、跳跃式的过程。在这个连续的过程中，为了便于研究，又可将其分为若干阶段，这些阶段之间相互联系。前一个阶段是后一个阶段发育的基础，后一个阶段是前一个阶段发育的延续，如果前面阶段出了问题，就会影响后面阶段的发育。

2. 幼儿身体发育的速度是波浪式的

幼儿身体发育的速度不是匀速的，也不是加速度的，而是有快有慢，呈波浪式的。在人的生长发育过程中，共有两个生长发育的高峰。这两个高峰期称为生长发育的突增期。第一个突增期在2岁以前，第二个突增期在青春期。

3. 幼儿身体发育是具有程序性的

0~6岁幼儿的发育有两个规律，一个是头尾律，另一个是正侧律。头尾律即身体的发育最先从头部开始然后是身体的下半部分，如“头部→颈部→躯干→下肢”；所谓正侧律是指从身体的中部到人体边缘的发展。如人体的躯干比四肢先发育，手臂和腿比手指和脚趾先发育。

4. 幼儿身体各系统的发育是不均衡的，但又是统一协调的

身体各系统的生长发育存在四种模式：一般型发育、神经系统型、淋巴系统型与生殖系统型的发育。

一般型：包括全身的肌肉、骨骼、主要脏器等。生长模式与身高、体重基本相同，先后出现胎婴儿期和青春期两次生长突增，其余时间稳步增长。身高、体重是评价幼儿生长发育最重要的指标。

神经系统型：神经系统包括脑、脊髓、视觉器官等。神经系统是全身各系统的基础，发育最早。其只有一个生长突增期，其快速增长阶段主要出现在胎儿期至6岁。头围测量在评价学前儿童（尤其3岁前）神经系统发育方面有重要的意义。

淋巴系统型：淋巴系统遍及全身，可生成淋巴细胞和产生抗体，参与机体的免疫功能，起保护机体的作用。儿童时期机体对疾病的抵抗力较弱，免疫系统的功能较差。淋巴系统在出生后发育得最快，尤其是出生后的第一个10年发育特别迅速，10岁左右达高峰。随着身体器官的成熟和免疫系统功能的加强，淋巴系统在10岁以后又逐渐萎缩至成人水平。因此，体检时对儿童的淋巴系统状况进行评价，不应以成人标准来衡量。

生殖系统型：生殖系统主要包括外生殖器和内生殖器。由于身体其他系统的发育尚未成熟，出生后第一个十年内，生殖系统外形几乎没有发展，发育最晚。青春期生长突增开始后发育迅速。

可见，各系统的发育是不均衡的，但这种不均衡恰恰是机体整体协调发展的需要。

【真题链接】

（2015年下半年）评价幼儿生长发育最重要的形态指标是（　　）。

A.体重和头围　　B.头围和胸围

C.身高和脚围　　D.身高和体重

D**【解析】**生长发育的形态指标是指身体及各部分在形态上可测出的各种指标，如身高、体重、坐高、肩宽、头围等，其中身高和体重是最重要和常用的形态指标。

5. 幼儿身体发育具有个体差异性

尽管每一个儿童在发育过程中，都存在上述的发育规律，但由于遗传和环境的不同，每个人在发育的过程中或发育结束时，都存在着胖瘦、高矮、智愚、强弱等方面的差异，没有两个人的发育是完全一样的。

二、幼儿身体发育的特点与保育要点

(一)幼儿运动系统的发育特点与保育要点

运动系统由骨、骨骼肌、关节三部分组成，是人们从事运动和劳动的主要器官。其发育特点与保育要点见表4-1。

表4-1 幼儿运动系统的发育特点与保育要点

	骨骼	骨骼肌	关节
发育特点	骨骼柔软、易变形，但不易骨折；骨骼一方面在发育使长度不断增加，另一方面在钙化使骨头坚硬；形成四道生理性弯曲：颈曲(2~3个月)、胸曲(6~7个月)、腰曲(一周岁左右)、骶曲(出生时)	因为肌细胞纤细、间质相对较多，肌腱宽而短，水分多，蛋白质、脂肪及无机盐的比例较低，容易疲劳和损伤；大肌肉群发育早，小肌肉群发育晚(5~6岁)	关节的牢固性差，肘关节容易脱臼；脚弓不结实，易塌陷形成扁平足
保育要点	补充钙、磷、维生素D；多晒太阳；适当运动；不宜提重物；培养良好的坐姿；不宜从高处跳到硬地上等	蛋白质要充足；适当锻炼	不宜用力过猛牵拉幼儿手臂；防止肥胖；走路直立时间不宜过长；鞋子应宽松合适；适当运动

【真题链接】

(2013年上半年)由于幼儿的肌肉中水分多，蛋白质及糖原少，不适合他们的运动项目是(　　)

A.长跑　　B.投掷　　C.跳绳　　D.拍球

A**【解析】**长跑属于周期型的动作，主要以不断循环、反复某些基本的动作为基础，如走步、跑步、爬行等。这类动作的结构较为简单，幼儿较容易学会和掌握，也比较容易形成自动化。由于幼儿的年龄小，耐力比较差，容易产生疲劳，所以对于幼儿来说，不适合进行长时间的跑步。

(二)幼儿呼吸系统的特点与保育要点

呼吸系统由呼吸道(包括鼻腔、咽、喉、气管、支气管)和肺(气体交换的场所)组成。

1. 幼儿呼吸系统的生长发育特点

(1)呼吸器官娇嫩。

鼻腔易感染,还可能感染其他器官;喉腔狭窄,发炎时,通路易被阻塞;声带不够坚韧,易充血、肿胀变厚,造成声音嘶哑;气管及支气管非常容易感染,且发病后症状较重;肺泡数量较少,且容量小。

(2)呼吸浅而快。

幼儿的胸腔狭窄,呼吸肌发育差,肺活量小,但代谢旺盛,机体需氧量多,所以只能以加快呼吸的频率来代偿。年龄越小,呼吸越快。

2. 幼儿呼吸系统的保育要点

(1)幼儿用口呼吸要戒除;

(2)幼儿擤鼻涕的方法要正确,打喷嚏时要遮挡,用手挖鼻孔要禁止;

(3)不要让幼儿大声哭喊,而且幼儿应多喝水;

(4)室内通风换气,多让幼儿在户外活动;

(5)加强幼儿体育锻炼。

(三)幼儿循环系统的发育特点与保育要点

1. 幼儿循环系统的发育特点

(1)幼儿年龄越小,心率越快。

(2)幼儿年龄越小,血液所占比例越大,约为体重的9%~12%,成人占7%~8%。白细胞中中性粒细胞所占比例较小,机体抵抗力较差。

(3)淋巴系统发育迅速。

2. 幼儿循环系统的保育要点

(1)营养要合理,供给蛋白质、铁及维生素丰富的食物,预防贫血;

(2)注意合理的膳食搭配,减少胆固醇和饱和脂肪酸的摄入量,同时预防动脉硬化要"早",始于婴儿;

(3)劳逸结合,适当锻炼;为保证血液循环畅通,衣着要宽松舒适;

(4)关心幼儿的起居和活动,预防各种传染病和意外事故。

（四）幼儿消化系统的发育特点和保育要点（见表4-2）

表4-2　幼儿消化系统的发育特点与保育要点

	牙齿	消化道	消化腺
发育特点	婴儿吃奶期间开始长出的牙叫作乳牙。乳牙共20颗，一般在6~7个月出牙，2岁左右出齐。6岁左右长出第一恒磨牙（也称六龄齿）；12~13岁长出第二恒磨牙；25岁长出第三恒磨牙（智齿，有的人终生不长）。六龄齿长出后开始换牙，换牙顺序与乳牙长出的顺序基本上是一致的	食道短而窄、黏膜薄嫩、管壁弹性大，易损伤；胃容量小、运动能力差、消化液的酸度低、消化酶少，导致蠕动机能差，消化能力较弱。肠管较长、面积较大、通透性强，因此肠的吸收能力较强。蠕动能力较成人弱，易发生便秘和粪中毒；固定性较差，易发生肠套叠和肠扭转	新生儿的唾液腺没发育好，唾液少，口腔比较干燥；3~4个月，唾液的分泌增加；6~7个月唾液的分泌更旺盛，常流口水。幼儿的肝脏相对比成人小；消化脂肪的能力差；解毒能力不如成人，抵抗感染的能力较差；肝细胞代谢旺盛，再生能力强，患肝炎后恢复较快，不易发生肝硬化；由于肝糖原储备相对较少，饥饿时容易发生低血糖症，甚至出现“低血糖休克”
保育要点	良好的营养和充足的阳光；养成刷牙、漱口的好习惯；避免外伤；不用牙咬果壳等硬东西；多吃粗纤维，多喝水，少吃甜食；养成良好的饮食习惯；养成定时排便的好习惯；预防脱肛		

（五）幼儿泌尿系统的发育特点和保育要点

1. 泌尿系统的发育特点

（1）肾功能较差，易损失有用物质，也易发生脱水或浮肿；

（2）膀胱容量小，贮尿功能差，婴儿的大脑皮质发育不完善，对排尿尚无约束能力，幼儿控制排尿能力是随年龄的增长而逐渐形成的。

（3）幼儿尿道短，容易发生上行感染。

2. 泌尿系统的保育要点

（1）培养幼儿及时排尿的习惯；

（2）注意清洁卫生，预防尿路感染；

（3）充足饮水。

（六）幼儿内分泌系统的发育特点与保育要点

1. 幼儿内分泌系统的发育特点

（1）生长激素在睡眠时分泌旺盛，脑垂体分泌的生长激素较多，加速了骨骼的生长发育；

（2）甲状腺是人体最大的分泌系统。缺碘影响甲状腺的功能，威胁幼儿智力发育。

2. 内分泌系统的保育要点

（1）养成幼儿良好的睡眠习惯，保证幼儿睡眠充足；

（2）膳食中使用加碘食盐，婴儿补碘应在医生指导下进行；

（3）不盲目服用营养品，防止性早熟。

（七）幼儿神经系统的发育特点和保育要点

1. 幼儿神经系统的发育特点

（1）脑重增加。幼儿出生时，脑重仅为400克左右，相当于成人的脑重的25%~30%（成人脑重约1400克），儿童3岁时达1000克，7岁时可达1280克，相当于成人脑重的90%以上。

（2）神经纤维增长。新生儿脑细胞的体积小，神经纤维的长度和分支也不发达。儿童2岁之前，脑神经纤维较短，多呈水平方向。2岁以后，出现了向竖直方向延伸的分支。幼儿神经纤维的分支持续增加多、增长，为形成复杂、众多的神经回路提供了物质基础。

（3）神经纤维逐渐髓鞘化。神经纤维的髓鞘化是脑内部结构成熟的重要标志。新生儿的神经纤维还未髓鞘化（轴突外包的髓鞘没有形成）。随着脑细胞的体积逐渐变大，1岁开始，幼儿的树突分支增多，轴突变长，皮质的沟回也增多和加深了，这时候神经纤维开始了髓鞘化过程。3岁以后，幼儿神经纤维基本髓鞘化，这就使幼儿神经传导更加迅速、准确。

（4）大脑皮质发育尚未完善，幼儿的兴奋和抑制过程极不平衡，抑制过程远远弱于兴奋过程，造成幼儿活动的高度不稳定性、冲动性。因此幼儿的注意力很难持久，易疲劳。

（5）植物性神经发育不成熟，主要表现为交感神经兴奋性强和副交感神经兴奋性较弱。

总之，早期（6岁前，特别是1岁前）是大脑神经迅速生长发育的关键期，而在这个时期，早期刺激和早期教育非常重要。

2. 神经系统的保育要点

（1）保证充足的睡眠。婴儿大脑的生长发育需要充足的睡眠来加以保障，如果睡眠不足，不仅会影响婴幼儿脑细胞的新陈代谢，还会使他们的精力和体力不能完全恢复。

（2）尽早提供适宜的早期教育，对大脑损伤的幼儿尽早实施康复训练，效果较好。

（3）注意适当充分的营养。脑细胞的活动需要丰富的养料，但脑细胞本身又缺少储备营养物的能力，所以，每天都应该供给大脑细胞适当充分的营养。幼儿应多吃蛋白质、维生素、磷化物等含量丰富的食物。

（八）幼儿免疫系统的发育特点和保育要点

1. 幼儿免疫系统的发育特点

（1）非特异性免疫功能尚未完善；

（2）缺乏特异性免疫力，容易得传染病。

2. 幼儿免疫系统的保育要点

（1）适当锻炼；

（2）培养幼儿良好睡眠习惯；

（3）按计划预防接种。

第二节
幼儿动作发展的特点

一、幼儿动作发展的规律

幼儿的动作发展受身体的发育，特别是骨骼肌肉的发展及神经系统的发育所制约。因此，幼儿的动作发展同样要遵循幼儿的发展规律，具体如下：

（一）从整体动作到分化动作的规律

幼儿最初的动作是全身性的、笼统的、非专门化的，以后逐渐分化为局部的、准确的和专门化的动作。幼儿动作最初是“牵一发而动全身”的，比如打开瓶盖这样一个手部动作，通常会动用到腿部动作甚至是脸部动作，而且做得慢且不够准确。但是随着年龄的增长，幼儿逐渐能够较快且精准地完成动作，这离不开诸如绘画等活动的练习。

（二）从上部动作发展到下部动作的规律（首尾规律）

婴幼儿的活动能力，先是头部动作的发展，如觅食动作、吸吮动作以及眼部动作等，然后依次是抬头、挺胸、翻身、坐、爬、站、走等动作技能的发展，表现出明显的从头部到下肢的运动能力依次发展的规律。

（三）从中央部位动作到边缘部位动作的规律（近远规律）

幼儿这一动作的发展规律表现为动作先从头部和躯干开始，然后发展双臂和腿的动作，最后才发展手的精细动作。这一发展顺序表现为以头和脊柱为中心，向身体四周和边缘有规律地发展。比如幼儿想要获得悬挂在摇床上方的玩具，会先移动肩肘，用整只手臂去触碰玩具，然后才用腕和手指去触碰并抓取物体。

(四)从大动作转向精细化动作的规律(大小规律)

儿童最初发展起来的是与大肌肉群相联系的动作,然后逐渐发展到与小肌肉群相联系的动作。如儿童手部动作的发展,先发展的是与手臂大肌肉群相联系的伸臂动作,以后逐渐发展起来与手指小肌肉群相联系的抓、握、拿等动作。

(五)从无意识的动作发展到有意识动作的规律(无有规律)

婴儿的动作起初是无意识的,当他做出各种动作时,既无目的也不知道自己在干什么。以后逐渐出现有目的的动作。6个月以后,才开始意识到自己所做的动作。

二、幼儿动作发展的特点

(一)幼儿头部动作的发展

头部动作是幼儿最早发展、完成也较早的动作。头部动作的发展顺序,大体是这样的:出生时,仰卧时头会左右转动,俯卧时会抬头片刻。这时如果不用手接着他的头,头就会下垂。1个月,头仍不能竖直,俯卧时能抬起下巴。2个月,抱着时头能竖直,但还是摇摆不稳。3个月,头能竖直而且平稳。4个月,头能平稳竖直,俯卧时能抬头,抱着时头能保持平稳。7个月,仰卧时能抬头。

(二)幼儿躯体动作的发展

躯体动作的发展,主要表现为翻身和坐的动作的发展。2个月,能挺胸。3个月,能从侧卧翻到仰卧。4个月,能扶着坐。5个月,能从仰卧翻到侧卧。6个月,会坐在有扶栏的椅子上,坐着时身体前倾,会用手支撑身体。7个月,能从仰卧翻到俯卧,能不靠成人或其他东西的扶持独自坐一会儿。10个月,能毫不费力地坐起。12个月,站着时能自己坐下。

(三)幼儿行走动作的发展

幼儿行走动作的发展,要经历爬行、站立和行走三个阶段。7个月,试着爬行,主要依靠膝盖和大腿的移动。8个月,匍匐爬行,腹部贴地,用腹部、手臂带动身体和两腿前进;扶着能站立。10个月,用手和膝盖爬行,身体不着地,手臂和腿交替移动;能扶着东西自己站起来。12个月,能扶着行走。14个月,能独自站立。15个月,能独自行走。18个月,跑步不稳,容易摔倒。2岁,行走自如,能大步稳跑,会踢皮球,能自己上楼下楼。2.5岁,能双脚跳,会用单脚站立片刻(2秒钟左右)，能踮着脚，用脚尖走几步，能从椅子上跳下。3岁，能单脚站立。3~4岁幼儿基本跑步稳当。

(四)幼儿抓握动作的发展

抓握动作的发展，是手的动作发展的重要标志。抓握动作的发展，以眼睛注视物体和手抓握物体动作的协调和五个手指活动的分化为特点。因此，婴儿出生后6个月，抓握动作才开始发展。3个月以前的婴儿，手基本上是捏成拳头，手脚一起乱伸乱动。4~5个月的婴儿，能够抓住自己想要的东西，但往往是整个手一把抓，抓住不放。6~7个月，捏物体时还是一把抓，但会用拇指食指拿东西，能够把东西从一只手换到另一只手。10个月，能配合手眼动作，把一样东西放到另一样东西上。15~18个月，能堆积木2~5块，能推拉玩具。2岁，能用手一页一页翻书。2.5岁，手与手指的动作相当协调，能独自用好匙。3岁，能用手拿笔画圆圈，会自己往杯子里倒水，能自己解开和扣上纽扣。

【真题链接】

(2014年下半年)婴儿开始出现手眼协调动作的时间是(　　)。

A.2~3个月　　B.4~5个月　　C.7~8个月　　D.9~10个月

B**【解析】**4个月以后的儿童，他们会用一只手够自己想要的物品，并能抓握物品。因此，婴儿开始出现手眼协调动作的时间是4~5个月。

(2013年上半年)婴幼儿手眼协调的标志性动作是(　　)。

A.无意触摸到东西　　B.伸手拿到看见的东西

C.握住手里的东西　　D.玩弄手指

B**【解析】**4~5个月的婴儿开始出现了手眼协调的动作。即看见东西能抓住它，也就是说能控制手的活动，并把手准确地伸向物体所在的方位。

(五)幼儿平衡能力的发展

平衡是幼儿进行各种活动和保持身体姿势所必需的重要因素，是幼儿进行走、跑、跳等大肌肉动作的基础。幼儿的平衡能力是逐渐发展的，其趋势是先能保持一种身体姿势，然后做各种动作和采取各种姿势时都能保持稳定。幼儿平衡能力的发展有赖于大脑功能的完善还有兴奋和抑制过程平衡的完善，以及视觉、前庭器官的协调控制能力的发展。

提高平衡能力对幼儿多方面的发展具有重要意义，如可以促进幼儿神经系统功能的完善和各种动作技能的协调发展，为幼儿参与多种体育活动和掌握更为复杂的动作技能（如滑冰、踩高跷、骑三轮车等）奠定基础。

【真题链接】

（2017年上半年）下列最能体现幼儿平衡能力发展的活动是（　　）。

A.跳远　　B.跑步　　C.投掷　　D.踩高跷

D**【解析】**踩高跷能够发展幼儿的平衡能力。

三、幼儿动作发展的影响因素

成熟是影响幼儿动作发展的重要因素。全世界各民族儿童，不论其经济条件、文化水平、社会地位如何，动作发展基本上都按同样的顺序达到成熟。早在20世纪初，一些心理学家如格赛尔、汤姆森等就以双生子为对象，研究动作发展与成熟的关系。结果发现，在幼儿生理上未达到准备状态（即成熟）时，动作训练几乎不起作用，或者说效果甚微。即使起了一点作用，那也只是暂时的，而一旦在生理上有了完成这种动作的准备，训练就能起到事半功倍的效果。

不同的抚养方式，可以影响动作发展的速度。跨文化研究说明，不同地区、不同民族幼儿动作发展的差异，除了遗传因素外，抚养方式也是一个重要因素。赞比亚婴儿自出生起就由母亲用吊带背在身上到处跑，他们从小就接受了大量的视觉刺激、听觉刺激、触觉——动作刺激。会坐以后就被单独留下自由活动，因而动作发展较快。而墨西哥的婴儿虽然也由母亲背着跑，但他们一直被襁褓紧紧地包裹着，头三个月脸部也被遮盖着，因而动作发展就较慢。

早期动作的发展与以后的动作技能、其他心理活动相比较，成熟起着更为重要的作用，但是它的发展仍然离不开环境，环境不仅可以加速或延缓动作发展的速度，而且也只有人类的社会环境，才能使婴儿的动作沿着人类动作发展的轨道进行，由动物养大的孩子（如狼孩）不能像人一样直立行走就是个极端的例证。

【本章小结】

幼儿教育是人生的启蒙教育，了解幼儿阶段身体发育的特点与动作发展的规律对幼儿的健康成长和全面发展具有重要作用。因此，在未来的教育过程中，幼儿教师应当更好地践行《幼儿园教育指导纲要》与《3~6岁幼儿学习与发展指南》，加强对幼儿身体发育和动作发展活动的研究，以便更好地提升幼儿身体素质，满足其未来发展需要。

【考点扫描】

年份	2017年上	2016年下	2016年上	2015年下	2015年上
分值	3			3	
知识点分布	选①			选①	
年份	2014年下	2014年上	2013年下	2013年上	2012年下
分值	3			6	
知识点分布	选①			选②	
备注	"选"代表单项选择题，"简"代表简答题，"论"代表论述题，"材"代表材料分析题，带圈符号代表该知识点出现的频率。				

【模拟练习】

一、选择题

1.关于直立行走动作发展的描述，正确的是（　　）。

A.儿童的直立行走动作是在无意动作基础上产生的

B.儿童的直立行走动作是在有意动作基础上产生的

C.儿童身体动作发展的趋势是翻身、抬头、坐、站、走

D.行走是本能的动作，无有意运动的成分

2.儿童最初的动作是全身性的，以后动作逐渐分化，这种儿童动作发展的规律称为（　　）。

A.从笼统到专门的规律　　B.大小规律

C.粗细规律　　D.从整体到局部的规律

3.婴儿看见物体时，先是移动肩肘，用整只手臂去接触物体，然后才会用腕和手指去接触并抓取物体。这是儿童动作发展中的（　　）所致。

A.近远规律　　B.大小规律

C.首尾规律　　D.从整体到局部的规律

二、简答题

4.简述幼儿身体发育的规律。

5.简述幼儿动作发展的规律。

推荐阅读

[1]陈帼眉,冯晓霞,庞丽娟.学前儿童发展心理学[M].北京:北京师范大学出版社,1995.

[2]刘万伦.学前儿童发展心理学[M].上海:复旦大学出版社,2014.

第 5 章

学前儿童的认知发展

离园时，三岁的图图对妈妈兴奋地说：“妈妈，今天我得了一个‘小笑脸’，老师还贴在我的脑门儿上了。”妈妈听了很高兴。连续两天，图图都这样告诉妈妈。后来妈妈和老师沟通后才得知，图图并没有得到“小笑脸”。妈妈生气地责怪图图：“你这么小，怎么就说谎呢？”

幼儿为什么会时常出现“说谎”行为？面对幼儿“说谎”行为，作为家长和教师应该如何正确引导？

幼儿容易把现实与想象混淆，有夸大与虚构的现象。这是幼儿期儿童的一个典型的心理现象。幼儿的言谈中常常有虚构的成分，对事物的某些特征和情节往往加以夸大。如当幼儿听到小伙伴津津有味地讲述自己去游乐场玩得特别高兴时，他羡慕地想象着游乐场有多好玩，就会说：“我妈妈也带我去了。”这并非说谎，而是幼儿将想象与现实混淆，是幼儿心理水平低，发展还不成熟的表现。这就要求家长和教师在实际生活中耐心地指导幼儿，帮助幼儿分清什么是假想的、什么是真实的，从而促进幼儿想象的发展。

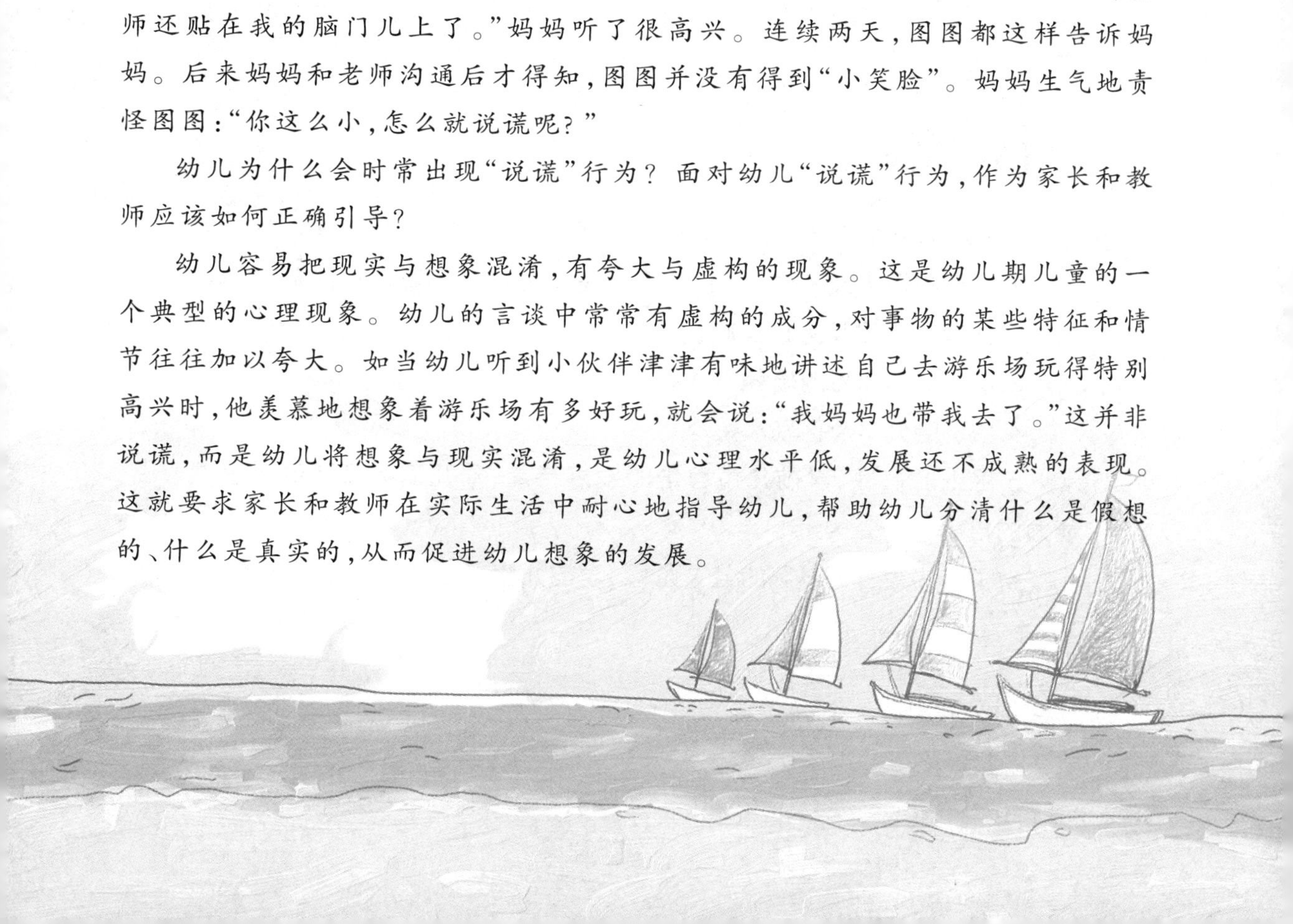

【学习目标】

知识目标：

1.掌握感觉和知觉的概念及作用；

2.了解幼儿注意力发展的特点；

3.掌握记忆概念、种类、表象，掌握幼儿期记忆发展的特点；

4.了解想象的定义及分类，掌握幼儿想象的特点；

5.了解思维的概念、过程及特性；

6.了解言语与语言的概念及区别、言语的种类。

技能目标：

1.领会幼儿期感知觉的发展特点并加以运用；

2.了解幼儿注意力分散的原因，掌握防止注意力分散的对策；

3.学会幼儿记忆能力的培养方式；

4.能够针对幼儿想象的特点，处理相关实际问题，保护幼儿的想象力；

5.掌握幼儿园教育活动对思维能力的培养；

6.掌握学前儿童言语能力的培养策略。

【学习重难点】

1.感知觉规律在幼儿园活动中的运用；

2.注意的概念及特性、引起和保持有意注意与无意注意的条件和幼儿注意分散的原因及防止措施；

3.幼儿记忆能力的培养方式；

4.想象的分类及区别；

5.思维的概念、学前儿童思维的发展特点，幼儿园教育活动对思维能力的培养；

6.学前儿童言语发展的各个阶段，学前儿童言语能力的培养策略。

【知识结构图】

- 学前儿童的认知发展
  - 幼儿感知觉的发展
    - 幼儿感觉发展的特点
    - 幼儿知觉发展的特点
    - 幼儿观察力的发展特点
  - 幼儿注意的发展
    - 幼儿注意发展的特点和规律
    - 幼儿注意品质及其教育
  - 幼儿记忆的发展
    - 幼儿记忆发展的特点和规律
    - 记忆的保持与遗忘规律在幼儿活动中的应用
  - 幼儿想象的发展
    - 幼儿想象发展的特点和规律
    - 幼儿想象力的培养
  - 幼儿思维的发展
    - 幼儿思维发展的特点和规律
    - 各年龄段幼儿思维发展的特征
  - 幼儿言语的发展
    - 幼儿言语发展的特点和规律
    - 各年龄段幼儿言语发展的特征

第一节
幼儿感知觉的发展

一、幼儿感觉发展的特点

（一）感觉的界定与种类

感觉是人脑对直接作用于感受器的客观事物的个别属性的反映。感觉的种类包括视觉、听觉、味觉、嗅觉等。

（二）学前儿童感觉的发展

1. 视觉

（1）视觉敏锐度：在幼儿期，儿童的视觉敏锐度在逐步提高；

（2）辨色能力：初期能辨认红绿蓝等基本色，中期能辨认间色，晚期能调色。

2. 听觉

（1）纯音听觉：在幼儿期间，纯音听觉的感受性不断发展，而且可以通过音乐教学及音乐游戏促进其发展。

（2）言语听觉：通过言语交际和语言教育，幼儿到了幼儿晚期基本能辨明本族言语的各种语音。“重听”现象是言语听觉的缺陷。

3. 触觉

触觉是肤觉和运动觉的联合，是幼儿认识世界的重要手段。

（1）视触觉的协调表现为眼手探索活动的协调。眼手协调是认知发展过程中的重要里程碑，也是手的探索活动的开始。

（2）动觉：幼儿动觉的感觉性随着年龄增长而提高。

二、幼儿知觉发展的特点

(一)知觉的定义与特性

知觉是人脑对直接作用于感受器事物的整体的反映,知觉带有主观性。

1. 知觉的选择性

知觉选择性指个体根据自己的需要与兴趣,有目的地把某些刺激信息或刺激的某些方面作为知觉对象而把其他事物作为背景进行组织加工的过程(图5-1)。

图5-1 知觉的选择性

2. 知觉的整体性

知觉对象由许多具有不同部分组成,但人总是把它看作一个统一的整体(图5-2)。

图5-2 知觉的整体性

3. 知觉的理解性

在知觉过程中,人总是根据以往的知识、经验来理解当前的知觉对象,并用词把它标识出来。

4. 知觉的恒常性

知觉的恒常性最主要的是视觉的恒常性。视觉恒常性包括亮度、大小和形状的恒常性。例如：人越走越远，但我们并不认为他的大小会改变，仍然将其知觉为原样，这就是大小恒常性。

(二)学前儿童知觉的发展

1. 空间知觉

空间知觉包括方位知觉、距离知觉、形状知觉。方位：三岁能辨别上下，四岁能辨别前后，五岁能以自己为中心辨别左右，七八岁能辨别相对左右。距离：对熟悉的物体可以分出远近，幼儿的透视原理掌握得不好。形状：小班幼儿能识别圆形、正方形、三角形、长方形；中班幼儿能识别半圆形、梯形；大班幼儿能识别菱形、平行四边形、椭圆形。

2. 时间知觉

幼儿初期已有初步的时间概念，但往往和具体的生活活动有关。幼儿中期，可以正确理解“昨天”“今天”“明天”，但较远的时间如“前天”“后天”还不了解。幼儿晚期，可以辨别“大前天”“大后天”，但还不能准确运用一些时间词语。

三、幼儿观察力的发展特点

1. 目的性增强

幼儿一般很少会自觉地为某一目的而进行观察，常容易受到身边事物的突出外部特征及情绪、兴趣所支配，从而频繁更换观察对象。随着年龄增长，幼儿观察行为的目的性逐渐增强，能够根据指令选择相应的观察目标。

2. 持续性延长

3岁的幼儿持续观察的时间大约为5分钟，随着年龄的增长，时间会有所延长，6岁时大约能达到12分钟。

3. 细致性增加

随着年龄的增长，思维的成熟、有意注意的发展、经验的丰富，在幼儿后期观察的细致性得到进一步的提高，更能对事物的细节和局部进行观察。

4. 概括性提高

幼儿早期由于思维水平的限制，观察处于无意识、零碎的阶段。幼儿无法从整体的角度去看问题，观察的概括水平很低。随着年龄的增长，幼儿的观察概括能力不断提高。

5. 观察方法的形成

幼儿早期观察是随意、缺乏系统性和计划性的。随着年龄的增长，幼儿开始形成系统的观察方法，4 岁开始尝试按照事物的表面联系进行计划的观察。5 岁已经可以从主次关系、顺序性等方面进行观察了。

第二节
幼儿注意的发展

一、幼儿注意发展的特点和规律

(一)注意的界定

注意是一种心理状态,是心理活动对一定对象的指向性和集中性。其中指向性是指心理活动集中于某个对象而离开其他对象;集中性是指心理活动在指向某一事物的同时,就会将精力都集中于此。

(二)幼儿注意发展的主要特征

幼儿注意发展的主要特征为:无意注意占优势,有意注意初步发展。

1. 幼儿的无意注意占优势

无意注意就是事先没有预定目的,也不需要意志努力的注意。刺激比较强、对比鲜明、新异和变化的事物以及与幼儿兴趣、需要和生活经验有关系的事物,容易引起幼儿的无意注意。

小班幼儿的无意注意占优势,新异、强烈以及活动着的刺激物很容易引起他们的注意,但注意也容易被其他新异的刺激所转移。中班幼儿无意注意进一步发展,且比较稳定。大班幼儿无意注意进一步发展和稳定,对于有兴趣的活动比中班幼儿能更长时间保持注意。

2. 幼儿的有意注意初步发展

有意注意是由脑的高级部位控制的,特别是额叶的控制,额叶的发展比脑部其他部位迟缓。幼儿的注意是在成人的要求和教育下开始逐步发展的。幼儿有意注意的产生也有一定的条件：(1)活动丰富多彩。(2)对活动目的、任务的初步理解。(3)对活动的兴趣与活动方式的丰富。(4)为其提供语言指导和语言提示。(5)幼儿性格与意志特点符合有意注意产生的要求。

小班幼儿注意集中的时间是3~5分钟。中班幼儿有意注意继续得到发展，注意集中的时间延至10分钟左右。大班幼儿有意注意迅速发展，适宜条件下，注意集中的时间可延长到10~15分钟。

二、幼儿注意品质及其教育

(一)幼儿的注意品质

1. 注意的广度

注意的广度也叫注意的范围，指同一瞬间所能清楚觉察或认识的对象数量。心理学认为，人的注意广度是生理性的，幼儿的注意范围是比较小的，但是随着年龄的增长，幼儿的注意范围在逐渐扩大。

2. 注意的稳定性

注意的稳定性对幼儿完成活动具有重要意义，听完一个故事、完成一件手工作品都离不开稳定的注意。幼儿注意的稳定性总体较差并存在明显的年龄差异，年龄越小，注意的稳定性越差。

3. 注意的转移

指根据新任务的要求，主动地把注意从一个对象转移到另一个对象上，反映了注意的灵活性。幼儿注意的转移还很不灵活，往往不能根据指示将注意集中在应该注意的事物上。例如，教师带来了几条小金鱼，让小班幼儿观察并模仿金鱼游动，而幼儿一直在议论小金鱼很可爱，有红的、有黑的等等，接着教师又拿出小金鱼的挂画问“小金鱼的眼睛像什么？”这时有的幼儿站起来学着金鱼游动的样子。从这里可以看出幼儿仍然被前面的内容所吸引，注意难以迅速调整到新的活动上去。

4. 注意的分配

指同一时间内，把注意集中到两种或几种不同的对象上，例如：幼儿一边唱歌一边跳舞；幼儿园老师一边弹钢琴一边唱歌等都是注意的分配。幼儿在整个幼儿期还不善于完成注意的分配，尤其是小班的幼儿，唱歌时就忘了舞蹈的动作，但到大班这种情况有所改变，例如大班幼儿在做体操时，既能注意自己的动作，又能注意体操队形的整齐。

(二)幼儿注意分散的原因

注意分散是在需要注意的情况下注意离开了原来的对象，失去了对应该指向和集中的注意对象的稳定性，造成分心。主要的原因有：

1. 无关刺激过多

幼儿的注意系无意注意占优势。他们容易被新异的、多变的或强烈的刺激物所吸引，加之他们注意的稳定性较低，容易受无关刺激的影响。例如，活动室的布置过于繁杂，环境过于喧闹，都可能影响幼儿的注意。

2. 疲劳

幼儿神经系统的机能还未充分发展，长时间处于紧张状态或从事单调活动，便会发生疲劳，出现“保护性抑制”，起初表现为无精打采，随之注意力开始涣散。所以，幼儿的教学活动要注意动静搭配，时间不能过长。

3. 目的要求不明确

有时教师对幼儿提出的要求不具体，或者活动的目的不能为幼儿所理解，也是引起幼儿注意涣散的原因。幼儿在活动中常常因为不明确应该干什么而左顾右盼，注意力分散。

4. 注意力不善转移

幼儿注意的转移品质还没有充分发展，因而不善于依照要求主动调动自己的注意。例如，幼儿听完一个有趣的故事，可能长久地受到某些生动的内容的影响，注意难以迅速转移到新的活动上去。

5. 无意注意和有意注意没有并用

只用新异刺激来引起幼儿的无意注意，当新异刺激失去新异时，幼儿便不再注意。如果只调动有意注意，让儿童长时间地主动集中注意，很易引起疲劳，结果注意更易分散。

(三)幼儿注意力的培养

1. 防止无关刺激的干扰

幼儿以无意注意为主，一切新奇、多变的事物都能吸引他们，干扰其正常活动。为防止幼儿注意分散，布置完教室后，我们首先让幼儿熟悉环境，让幼儿感觉很新鲜，过渡很自然。

2. 注意劳逸结合

培养良好的注意习惯。制定并遵守合理的作息制度，动静交替，劳逸结合，保证幼儿精力充沛地从事各项活动。

3. 灵活地交互运用无意注意和有意注意

教师可以运用新颖、多变、强烈的刺激，激发幼儿的无意注意。但无意注意不能持久，而且学习等活动也不是专靠无意注意所能完成的，因而还要培养和激发幼儿的有意注意。

4. 提高教学质量

教师要多方面改善教学内容、改进教学方法。所用的教具要色彩鲜明，能吸引幼儿的注意；所用挂图或图片要突出中心；所用的语词要形象生动，这样做容易引起幼儿注意。

第三节
幼儿记忆的发展

一、幼儿记忆发展的特点和规律

(一)记忆的界定

记忆是以识记、保持、再认和回忆的方式对经验的反映。识记:是一个反复感知的过程,多次地看、听、想、触摸等就形成了联系。保持:是通过识记,对头脑中建立的印象进行巩固,保存下来。再认:是指过去感知过的事物,重新出现时,我们能感到熟悉。回忆:是指过去感知过的事物并没有出现,但由于某种影响而呈现出来。

(二)记忆的分类

1. 根据记忆的内容不同(见表5-1)

表5-1 根据记忆内容分类

种类	特点
形象记忆	以感知过的事物的形象为内容
情绪记忆	以体验过的某种情绪和情感为内容
逻辑记忆	以概念、判断、推理为内容
运动记忆	以身体的运动状态或动作形象为内容

2. 根据记忆保持时间长短不同

(1)瞬时记忆(感觉记忆):指通过感觉器官所获得的感觉信息在0.25~2秒以内的记忆。

(2)短时记忆：指一分钟以内的记忆，即所获得的信息在头脑中贮存不超过一分钟，识记后立即再现，再现后就不再加以保持。

(3)长时记忆：指一分钟以上直到许多年甚至保持终身的记忆。

3. 根据记忆有无目的

(1)无意记忆是指事先没有预定目的，也没有经过任何意志努力的识记，也称不随意记忆。这类记忆是最大量的，它的特点是不易疲劳，但有很大的被动性、偶然性和片断性。

(2)有意记忆是指事先有预定目的，并经过一定意志努力的识记，又称随意记忆。它具有主动性特点，是学习活动最主要依靠的识记类型。

4. 根据是否理解记忆材料

(1)机械记忆是指在不理解材料意义的情况下，采用多次机械重复的方法进行的识记。这种记忆的效率相对较低，而且容易遗忘，但准确性高、使用面广。

(2)意义记忆是指在理解材料意义的基础上，依靠材料本身的内在联系进行的记忆。这种识记和积极的思维活动密切联系，又往往运用已有的知识经验，因而提高了识记的效率。

(三)幼儿记忆的特点

1. 以无意记忆为主导，有意识记开始发展

幼儿获得的知识和经验大多数是在生活和游戏中记住的，他们的记忆决定于刺激物的特点。

2. 机械记忆与意义记忆均有发展

通过教育促进意义记忆的发展，意义记忆的发展能有效促进机械记忆效果的提高。

3. 记忆恢复现象

记忆恢复是指记忆某种材料，经过一段时间后测量的保持量大于记忆后即时测得的保持量。常发生在儿童的不完全学习(即没有达到透彻理解、牢固记忆的学习)上，并且有一定的限制。

【真题链接】

（2012年下半年）分析表5–2所反映的幼儿记忆的特点。

表5–2 幼儿形象记忆与语词记忆效果的比较[对10个物或词回忆出的数量（个）]

年龄（岁）	熟悉的物体	熟悉的词	生疏的词
3~4	3.9	1.8	0
4~5	4.4	3.6	0.3
5~6	5.1	4.6	0.4

【答案】随着年龄的增长，幼儿记忆能力逐渐提高。从表中可以看出，幼儿的记忆以形象记忆为主，语词记忆开始发展。

（1）在幼儿阶段，形象记忆效果高于语词记忆的效果；

（2）幼儿形象记忆和语词记忆能力都随着年龄提高；

（3）幼儿对生疏的词的记忆效果还比较差。

二、记忆的保持与遗忘规律在幼儿活动中的应用

（一）影响幼儿记忆的因素

1. 记忆的目的与任务

有无明确的记忆目的和任务，直接影响记忆的效果。明确的记忆目的和任务有利于调动一个人的识记积极性和针对性。

2. 记忆的内容与性质

人对事物的记忆是在活动中进行的，因此，无论是无意记忆还是有意记忆，在很大程度上依赖于活动任务的性质。当记忆的材料成为人的活动的直接对象时，记忆的效果就好。

3. 记忆方法

采用什么样的方法和途径去记忆材料，其效果是不同的。

4. 材料的数量和性质

记忆材料的数量对记忆的效果是有影响的。一般来说，要达到同样的记忆水平，材料越多，记忆所用的平均时间和次数就越多，呈现出材料数量与记忆效率成负相关的趋势。记忆不仅受材料数量的影响，而且也受材料性质的制约。

5. 记忆时的情绪状态

记忆时的情绪状态对人的记忆效果会产生影响。一般来说，在积极的情绪状态下，人的记忆效果好；在消极情绪状态下，则记忆效率低。

（二）记忆的保持、遗忘规律与幼儿活动的组织

保持是记忆的事物在头脑中储存和巩固的过程。它是记忆的第二环节，是实现回忆的必要前提。遗忘是对记忆过的材料不能再认和再现，或者是错误的再认和再现。

1. 遗忘及其规律

保持和遗忘是一对冤家对头。对以前学过的知识能够回忆起来，就是保持住了，如果回忆不起来或回忆错了，就是遗忘。

德国心理学家艾宾浩斯对遗忘现象做了系统的研究，他用无意义的音节作为记忆的材料，把实验数据绘制成一条曲线，称为艾宾浩斯遗忘曲线，见图5-3。

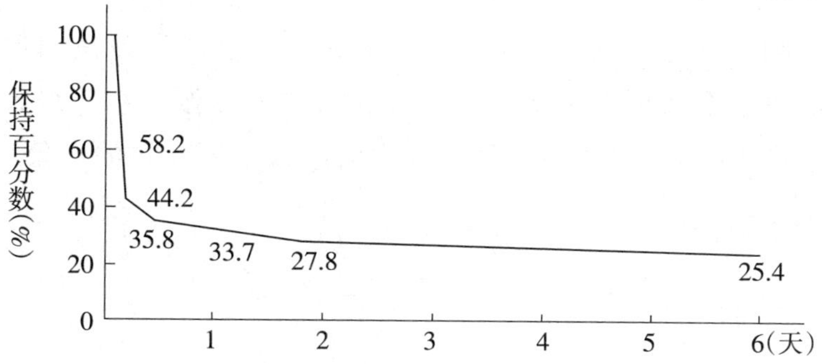

图5-3 艾宾浩斯遗忘曲线

这条曲线一般称为艾宾浩斯遗忘曲线，也称艾宾浩斯保持曲线，它的纵坐标代表保持量。曲线表明了遗忘发展的一条规律：遗忘进程是不均衡的，在记忆的最初阶段遗忘很快，以后逐渐缓慢，到了相当的时间，几乎就不再遗忘了，也就是遗忘的发展是“先快后慢”，因此学习后应该及时复习。

2. 幼儿记忆发展中易出现的问题及教育措施

幼儿记忆发展的主要特点：(1)容易记、容易忘；(2)记忆带有很大的无意性；(3)以形象记忆为主；(4)机械记忆多于意义记忆；(5)记忆不精确。

根据这些特点，我们在教育过程中应该注意培养幼儿学习的兴趣和信心，提高记忆的效果；活动组织内容具体生动，富有感情色彩，培养幼儿的形象记忆、情绪记忆；帮助幼儿提高认识能力，提高意义记忆水平；正确评价记忆结果，合理组织复习。

第四节 幼儿想象的发展

一、幼儿想象发展的特点和规律

(一)想象的界定

想象是人脑在一定刺激的影响下对已有形象进行加工改造而形成新形象的心理过程。形象是个体早先感知过的对象在头脑的图像记忆。想象中的形象几乎是我们从未感知过的,有些甚至是现实生活中根本不存在的形象。

(二)想象的分类

1. 按照想象的目的性

(1)无意想象:没有预订的目的,在一定的刺激下不由自主进行的想象。比如看到白云的颜色形状想到棉花糖。

(2)有意想象:根据一定的目的而自觉进行的想象。

2. 按照内容的新颖性

(1)再造想象:是根据语言文字的描述或图形符号的描述,在头脑中再造出与之相应的新形象的过程。

(2)创造想象:是根据已有的形象,在头脑中独立地创造新形象的过程,具有首创性。

(三)幼儿想象的特点

(1)幼儿以无意想象为主,有意想象开始发展。

(2)幼儿以再造想象为主,创造想象开始萌芽,想象的创造成分还保留在具体形象的水平上，不能在语词的水平上进行创造性的想象。

（3）想象的主题与时间不稳定，易变换，易受外界干扰。

（4）不易分清想象和现实之间的界限，幼儿言语中常常有虚构的成分，对事物的某些情节和特征往往加以夸大。

（5）缺乏计划性和预订的目的，只满足于想象的过程本身。

二、幼儿想象力的培养

（一）幼儿想象发展过程中易出现的问题

想象脱离现实：幼儿想象脱离现实主要表现为想象具有夸张性。儿童自己讲述事情，也喜欢用夸张的说法。这种夸张在绘画中也经常表现出来，有的幼儿画一个小孩放风筝，往往小孩的手给画得很长，甚至超出身体的长度。幼儿说话也喜欢夸张，例如："我家的花开得可大了，像桌子一样大"。

情绪对想象过程的影响：比如，幼儿对蝴蝶有兴趣，画面上就会留给它中心位置，如果希望自己家的东西比别人强，就拼命地去夸大，甚至自己有时也信以为真。

将想象当作真实：在幼儿想象发展中常常会把自己想象的事情当作真实的事情。

幼儿想象的特点加上记忆的不准确，以及表达能力有限常常导致其出现"说谎"的行为。如：想去某个地方，孩子却说已经去过了；想要某个玩具，却说其爸爸已经买了。成人在理解孩子想象发展的以上特点后，应该在实际生活中耐心指导幼儿，帮助幼儿分清什么是假想的、什么是真实的，从而促进幼儿想象的发展。

【真题链接】

（2012年下半年）幼儿常把没有发生的或期望的事情当作真实的事情，这说明幼儿（　　）。

A.说谎　　B.移情　　C.好奇心强　　D.想象与现实混淆

D【解析】幼儿想象的特点加上记忆的不准确，以及表达能力有限常常会导致其出现"说谎"的行为。

(二)幼儿想象的培养

1. 扩大幼儿视野,丰富幼儿感性知识和生活经验

想象虽然是新形象的形成过程,然而这种新形象的产生也是在过去已有的记忆形象基础上加工而成的。因此,在实际工作中,要指导孩子去感知客观世界,使其置身于大自然中,多让他们去看、去听、去模仿、去观察,为幼儿的想象增加素材。

2. 充分利用文学艺术活动发展幼儿的想象

首先,幼儿想象力的发展离不开语言活动。通过言语,幼儿得到间接知识,丰富想象的内容,幼儿也能通过言语表达自己的想象。

其次,美术活动能为幼儿的想象插上翅膀。特别是意愿画,可以无拘无束地发挥幼儿的想象力,构思出奇特、新颖的作品。

再次,音乐舞蹈活动也是培养幼儿想象力的重要手段。通过对音乐舞蹈的感受,幼儿可以运用自己的想象去理解所塑造的艺术形象,然后运用自己的创造性思维去表达艺术形象。

3. 游戏可以推动幼儿的想象,使其处于活跃状态

在游戏过程中,幼儿可以通过扮演各种角色,展开自己的想象。比如,在开火车的游戏中,幼儿会骑在小凳子上,嘴里叫着"嘀嘀…嘟嘟…"把自己当作火车司机。

4. 玩具在幼儿想象中的作用也不可忽视

玩具为幼儿的想象活动提供了物质基础,使幼儿触景生情,从而展开各种联想。比如幼儿抱着布娃娃做游戏时,会把自己想象成"爸爸或者妈妈",还会自言自语地说"娃娃不哭,妈妈抱抱,娃娃睡觉"等。

5. 创造条件,让孩子们"异想天开"

给幼儿自由的空间,不要扼杀幼儿的想象。传统的教育往往很死板,直接告诉幼儿天是蓝的,太阳是圆的,却没有留给孩子想象的空间。当今的素质教育,提倡开发幼儿的创造性思维,培养孩子的创造性想象。

第五节
幼儿思维的发展

一、幼儿思维发展的特点和规律

(一)思维的界定及特点

思维是对客观事物概括和间接的认识,是认识的高级形式,是人们认识活动的中心。它是人脑借助语言、表象或动作实现的认知过程,能够解释事物的本质特征及内部规律。

(二)思维的分类

1. 根据思维所要解决的问题的内容不同

可把思维区分为直观动作思维、具体形象思维和抽象逻辑思维。直观动作思维运用直观的动作;具体形象思维运用具体的表象;抽象逻辑思维运用概念进行判断、推理。

2. 根据思维的独创性的不同

可把思维区分为常规思维和创造性思维。常规思维就是运用已获得的知识经验,按现成的方案解决问题的思维。创造性思维是指人们运用新颖的方式解决问题,并能产生新的、有社会价值的产品的心理过程。

3. 根据解决问题的思维方向不同

可把思维分成集合思维和发散思维。集合思维是把问题所提供的各种信息集合起来,得出一个正确或最好的答案的思维。发散思维是沿着不同途径去思考、去寻求多种答案的思维。

(三)思维在幼儿心理发展中的作用

(1)思维是幼儿心理活动的基础。人的一切行为都是通过思维来完成的,幼儿的一切活动离不开思维。只有思维水平不断提高,幼儿才能认识他周围的环境,认识周围的事物,对各种事物做出正确的判断和推理,同时把握事物。

(2)思维的发展标志着幼儿认知水平的提高。幼儿思维的发展使幼儿对事物的认识不仅仅停留在表面特征,而能进一步认识事物的本质。

(3)思维的产生和发展促进了幼儿的情感、意志和社会性的发展。思维是高级的认知活动,是智力活动的核心。思维的发生和发展使幼儿的整个水平不断得到提高。

(4)思维水平标志着意识和自我意识的提升。思维水平提高,使幼儿知道自我,使自我意识得到发展,这是幼儿独立性发展的基础。

(四)幼儿思维发展的阶段性

从思维发展的方向看,幼儿的思维最初是直观动作思维,然后出现具体形象的思维,最后发展的是抽象逻辑思维。

【真题链接】

(2016年下半年)青青的妈妈说:“那孩子的嘴真甜”,青青问:“妈妈,您舔过她的嘴吗?”这主要反映了幼儿(　　)。

A.思维的片面性　　　　B.思维的拟人性

C.思维的生动性　　　　D.思维的表面性

D【**解析**】儿童思维起先是表面的,展开的,以后逐渐向内部的、压缩的方向发展。

二、各年龄段幼儿思维发展的特征

(一)0~3岁幼儿思维发展的基本特征

主要特点是直观动作性,主要表现:(1)开始有词的概念;(2)存在显著的年龄特征,总的来说处于思维的低级阶段。但是其产生和发展的意义是巨大的,它不仅标志着智慧活动的真正开始,还意味着意识的萌芽。

（二）3~7岁幼儿思维发展的基本特征

随着儿童与周围环境的频繁接触和深入，儿童思维有了新的特点：(1)思维具体形象化，它以直观动作思维为基础，以形象思维或表象为加工材料，主要还是感知觉思维，但它与动作思维有着本质的区别。(2)思维抽象逻辑性开始萌芽，有了初步的概括能力，有了粗浅的因果关系判断。

（三）幼儿的概念、判断和理解的发展

1. 幼儿对概念的掌握

幼儿初期所掌握的事物概念，主要是他们熟悉的事物；幼儿中期已经能掌握事物的某些突出的特征，由此获得事物的概念；幼儿晚期开始初步掌握某一事物的较为本质的特征。比如幼儿形成数的概念要经历四个阶段：(1)口头数数；(2)给物数数；(3)按数取物；(4)掌握数的概念。

2. 幼儿判断的发展

判断是概念与概念之间的联系，判断的结果只有一种：肯定的或是否定的。幼儿判断的发展过程是一个由直接判断向间接判断不断发展的长期过程，其主要特点是：(1)判断形势逐渐间接化；(2)判断内容不断深刻化；(3)判断依据不断客观化和明确化。

3. 幼儿理解的发展

掌握概念进行判断推理等活动都要对事物有一定的理解，思维的发展也表现为理解的发展。理解是对事物本质的认识，是在已有的知识经验前提下，用这些已有的知识认识新的事物，发现新的联系的过程。儿童最初认识事物的理解是来自感知经验的理解，然后才是间接性的理解。幼儿理解的发展呈现以下特点：

(1)从对个别事物的理解发展到对事物关系的理解。

(2)从主要依靠具体形象理解发展到依靠词的理解。

(3)从对事物的简单表面理解发展到比较复杂的深刻的理解。

(4)从自我中心理解发展到比较客观的理解。

【真题链接】

(2015年下半年)材料:为了解中班幼儿分类能力的发展,教师选择了“狗、人、船、鸟”四张图片,要求幼儿从中挑出一张不同的。很多幼儿拿出来“船”,他们的理由分别是:狗、人和鸟常常是在一起出现的,船不是;狗、人、鸟都有头、脚和身体,而船没有;狗、人、鸟是会长大的,而船是不会长大的。

问题:(1)请结合上述材料分析中班幼儿分类能力的发展特点。

(2)基于上述材料中幼儿的发展特点,教师如何实施教育?

【答案】

(1)依据生活情境分类;依据感知特点进行分类。

(2)在日常生活中丰富幼儿的生活经验;多提供可操作的玩具;在游戏活动中培养幼儿的分类能力。

(四)幼儿问题解决的发展

思维发展的最终目的是为了解决问题,问题解决是由一定情境引发的,按照一定的目标应用一定的认知进行操作。问题解决大致分为四个阶段:发现和明确问题;分析问题;提出假设;检验假设。

幼儿问题解决能力的发展表现为:

(1)幼儿问题解决能力的发展,依赖于幼儿短期记忆的容量;

(2)幼儿问题解决很大程度上依赖于幼儿思维策略的发展,因为策略能使幼儿解决更复杂的问题;

(3)幼儿思维策略的运用通常受具体场景情境的影响,不能普遍解决问题;

(4)幼儿思维策略发展的一个重要方面是其计划能力的发展。

(五)促进幼儿思维发展的策略

(1)要为幼儿提供大量可以直接感知的活动材料,丰富幼儿的表象材料;

(2)为幼儿多提供活动与操作的机会,在幼儿园开展的活动要坚持直观性原则;

(3)在活动中为幼儿提供较多的形象,比如可爱的教具和玩具,可以有效促进幼儿向具体形象思维水平的过渡,并提高幼儿的形象思维能力。

第六节
幼儿言语的发展

一、幼儿言语发展的特点和规律

(一)语言和言语的区别与联系

语言是一种社会约定俗成的符号系统。通常讲的语言一般包括音、形、义、词汇、语法等要素。语言是一种社会现象。语言是一种交际和思维的工具。

言语是运用语言进行实际活动的过程,言语是一种心理现象。语言是工具,言语则是对这种工具的运用;语言是社会现象,具有较大的隐蔽性,言语是心理现象,具有个体性和多变性。言语活动依靠语言来进行,语言是在具体的言语交往情境中发展起来的。

(二)言语的种类

1. 外部言语

口头言语,通过人的发音器官所发出的语音信息来表达思想感情的言语。分为对话言语和独白言语。

书面言语,书面言语是借助于文字来表达思想感情、传授知识经验的言语。

2. 内部言语

内部言语是个体内心"无声的言语",通常我们思考问题时所运用的都是内部言语。幼儿在内部言语发展的过程中,常常出现一种出声的自言自语。例如,幼儿在搭积木时边搭边说:"这个放在下面,这个放在上面做屋顶。"

【真题链接】

(2013年上半年)冬冬边玩魔方边自己小声嘀咕:“转一下这面试试,再转这面呢?”这种语言被称为(　　)。

A.角色语言　　B.对话语言　　C.内部语言　　D.自我中心语言

C【解析】内部言语是个体内心“无声的言语”,通常我们思考问题时所运用的都是内部言语。

二、各年龄段幼儿言语发展的特征

(一)0~3岁学前儿童言语的发生与发展

1.婴儿言语的发生(0~1岁)

0~1岁是婴儿言语发生的准备阶段,又称为前言语阶段。

(1)发音的准备。

①简单发音阶段(1~3月)。

新生儿因呼吸而发声,哭是儿童最初的发音。新生儿哭声中,特别是哭声刚刚停止的时候,可以听出ei、ou的声音。2个月以后,婴儿不哭时也开始发音,当成人引逗时,发音现象更明显,已能发出ai,a,ei等音。发这些音不需要较多的唇舌运动,只要一张口,气流自口腔冲出,音也就发出了。

②连续音节阶段(4~8月)。

这一阶段,婴儿明显变得活跃起来。当他吃饱、睡醒、感到舒适时,常常自动发音。发出的声中,不仅韵母增多,声母出现,而且连续重复同一音节,如a-ba-ba,da-da-da等,其中有些音节与词音很相似,如ba-ba(爸爸),ma-ma(妈妈)等。此阶段婴儿开始出现“认声”,对于熟悉的声音会做出反应。

【真题链接】

(2016年下半年)婴幼儿的“认声”现象通常出现在(　　)。

A.4~8个月　　B.6~12个月　　C.1~2岁　　D.2~3岁

A【解析】4~8个月大的婴儿明显变得活跃起来。当他吃饱、睡醒、感到舒适时,常常自动发音,此阶段婴儿开始出现“认声”,对于熟悉的声音会做出反应。

③模仿发音——学话萌芽阶段(9~12月)。

这一阶段,儿童所发的音明显增加了不同音节的连续发音,音调也开始多样化,四声均出现了,儿童开始模仿成人的语音。这一进步,标志着儿童学话的萌芽。

(2)语音理解的准备。

①语音知觉能力的准备。

婴儿对语言刺激是非常敏感的,出生不到10天的儿童就能区分语音和其他声音,并对语音表现出明显的"偏爱"。几个月的婴儿还具有了语音范畴知觉能力:能分辨两个语音范畴之间的差别(如"b"和"p")。

②语词理解的准备。

八九个月的婴儿已经能"听懂"成人的一些语言,表现为能对言语做出相应的反应。但这时,引起儿童反应的主要是语调与整个情境(如说话人的动作表情等),而不是词的意义。例如:给9个月的婴儿看"狼"和"羊"的图片。每当出示"羊"时,就用温柔的声音说"羊,羊,这是小羊",而出示"狼"时,就用凶狠的声音说"狼,狼,这是老狼"。若干次以后,当实验者用温柔的声音说"羊呢?羊在哪里?"婴儿就会指画着羊的图片,反之亦然。这时,实验者突然改变说话的语调,用凶狠的声音说"羊呢?羊在哪里?"婴儿毫不犹豫地指向画着狼的图片。

(二)婴儿言语的形成(1~3岁)

学前期,儿童口语的发展可分为两个大的阶段:

1. 不完整句阶段(1~2岁)

(1)单词句阶段(1~1.5岁)。

①单音重叠:把汽车叫作"嘀嘀",把小狗叫作"汪汪"。

②一词多义:孩子见到猫,叫"猫猫",见到带毛的东西,如毛手套、毛领子一类的物品,也都叫"猫猫"。

③以词代句:孩子说出"拿"这个词,有时代表他要拿奶瓶,有时代表他要拿玩具,有时还代表他要拿别的孩子手里的食物。

【真题链接】

(2015年下半年)一名从未见过飞机的幼儿,看到蓝天上飞过的一架飞机,然后说:"看,一只很大的鸟!"从语言发展的角度来看,这一句话反映的幼儿语言的特点是(　　)。

A.过度规范化　　B.扩展不足　　C.过度泛化　　D.电报句式

【答案】B

(2)双词句(电报句)阶段(1.5~2岁)。

1岁半以后,孩子说话的积极性高涨起来,在很短的时间内,会从不大说话变得很爱说话。说出的词大量增加,2岁时可达200多个。这一阶段儿童言语的发展主要表现在开始说由双词或三词组合在一起的句子。

2. 完整句阶段(2岁以后)

(1)能说完整的简单句,并出现复合句。

这一年龄阶段的孩子渐渐能够用简单句表达自己的意思,并开始说一些复合句。儿童说出的句子较长,日趋完整、复杂。

(2)词汇量迅速增加。

到3岁时,孩子已经能掌握大约1000个词。

【真题链接】

(2014年下半年)1.5~2岁儿童使用的句子主要是(　　)。

A.单词句　　B.电报句　　C.完整句　　D.复合句

B**【解析】**这一阶段儿童开始说由双词或三词组合在一起的句子。像成人的电报式文。因此,答案选B。

(三)3~6岁学前儿童言语的发展

幼儿口头言语的发展,主要表现在语音、词汇、语法结构和口语表达能力四个方面的发展上。

1. 语音的发展

(1)幼儿发音的正确率随年龄的增长而提高,错误率随年龄的增长而不断下降。

(2)3~4岁为语音发展的飞跃期。

(3)对韵母发音的正确率高于声母。

(4)大多数3岁以上幼儿对声母发音不感到困难,部分3岁幼儿不容易发清辅音。

(5)幼儿语音的正确率与所处社会环境有关。

(6)语音意识明显发展。

2. 词汇的发展

（1）词汇数量的增加。

（2）词类范围的扩大。

【真题链接】

（2016年下半年）2~6岁的儿童掌握的词汇数量迅速增加，增加的词先后顺序通常是（　　）。

A.动词，名称，形容词　　B.动词，形容词，名称

C.名称，动词，形容词　　D.形容词，动词，名称

C【解析】幼儿不断增加的词，先后顺序为名称，动词，形容词。

3. 语法结构的发展

儿童语法结构的发展通常从两个方面表现出来，即句子的长短和句子结构的完整性、复杂性。

（1）从简单句到复合句。幼儿主要使用简单句。2岁前儿童虽已使用复合句，但比例相当小，随着年龄的增长，复合句所占比例逐渐增加。

（2）从陈述句到多种形式的句子。儿童最初掌握的是陈述句，随后，所掌握的疑问句、祈使句、感叹句等也逐渐增加。幼儿对某些较复杂的句子尚不能完全理解，如双重否定句和被动句。

（3）从无修饰句到修饰句。儿童最初的简单句是没有修饰语的，以后便出现了简单修饰语和复杂修饰语。

（四）促进幼儿言语能力发展的策略

1. 言语教育活动

在言语教育活动中，教师应注意创设开放的可沟通的交流环境，组织开放的可探索的语言活动，促进幼儿言语全方位发展。

2. 创设良好的言语环境，提供给幼儿交往的机会

幼儿言语主要是在社会生活环境与教育的影响下形成和发展的。幼儿只有在广泛交往中，感到有许多知识、经验、情感、愿望等需要说出来的时候，言语活动才会积极起来，也只有在交往中，幼儿才逐渐地习得言语。

3. 把言语活动贯穿于幼儿的一日活动中

幼儿的一日生活中存在大量的激发幼儿言语积极性的契机，教师应有意识地将言语活动贯穿其中。

4. 教师给幼儿树立良好的榜样

模仿是幼儿学习口语的重要方法。所以，要提高幼儿言语能力，教师必须注意自身的语言修养，为幼儿提供规范型语言。

5. 通过游戏促进幼儿言语发展

游戏能够极大地激发幼儿言语的积极性，有助于培养幼儿言语表达能力。

【本章小结】

此阶段幼儿视、听、嗅、味、肤等感觉不断发展，知觉在此基础上结合实际生活而形成，因此观察生活对于幼儿感知觉发展的影响非常重要；注意是幼儿活动顺利进行的保证，因此应组织多种形式的活动促进幼儿的无意和有意注意，逐步提高幼儿注意分配的能力；根据幼儿以无意记忆为主的特点来进行相应的活动；想象在幼儿活动中有着重要的意义，是发展创造性和创新性的关键；认清幼儿想象易与现实混淆的特点；幼儿以形象思维为主，活动组织过程中应选择直观的玩、教具，创设问题情境以促进幼儿思维水平不断发展；语言是幼儿社会性形成的桥梁，对幼儿的心理活动至关重要，在此阶段应通过实际交往提高幼儿的言语能力。

【考点扫描】

年份	2017年上	2016年下	2016年上	2015年下	2015年上
分值	10	30	3	26	20
知识点分布	简①	选③材②	选①	选②材①	材①
年份	2014年下	2014年上	2013年下	2013年上	2012年下
分值	4	13	3	23	18
知识点分布	选②	选①简①	选①	选②材①	选①简①
备注	“选”代表单项选择题，“简”代表简答题，“论”代表论述题，“材”代表材料分析题，带圈符号代表该知识点出现的频率。				

【模拟练习】

一、单项选择

1.某5岁儿童画的西瓜比人大,画的两颗尖牙也占了人脸的大部分,这段时期儿童画的特点是(　　)。

A.未掌握画面布局比例　　B.绘画技能稚嫩

C.感觉的强调和夸张　　D.表象符号的形成

2.下列关于幼儿的听觉偏好的表述中,正确的是(　　)。

A.就人声和物声而言,新生儿趋向物声

B.就母亲声音和陌生人声音而言,新生儿趋向新鲜的陌生人声音

C.就声音音调来讲,新生儿趋向低音调

D.新生儿爱听柔和的声音

3.婴儿在地上捡起一些物体就会往嘴里送,这是孩子的(　　)。

A.痛觉的探索方式　　B.不良的生活习惯

C.触觉的探索方式　　D.动觉的探索方式

4.幼儿在认识“b”和“d”,“土”和“士”,“方”和“万”等形近符号时容易混淆这说明(　　)。

A.幼儿的方位知觉不够精确　　B.幼儿的观察概括性不足

C.幼儿的观察细致性不强　　D.幼儿感觉的适应力不强

5.3岁幼儿自己活动时顾及不到别人,只能自己单独玩,这是因为(　　)。

A.游戏水平差　　B.注意分配能力差

C.喜欢自己一个人玩　　D.与教师的教育有关

二、简答题

6.简述幼儿记忆发展的特点。

7.如何培养幼儿记忆?

8.简述幼儿想象的发展特点及培养方式。

三、材料分析题

9.阅读下列材料,回答问题。

龙龙是个幼儿园中班的孩子,一天他得意地对爸爸说:“爸爸,我知道2加3等于5。”爸爸很高兴,问:“你怎么知道的?”龙龙说:“老师告诉我们的。”爸爸再问:“3加2等于多少?”龙龙摇摇头说:“老师没有说。”

问题：

（1）请根据儿童思维发展的特点来分析龙龙的表现。

（2）应怎样进行有针对性的教育？

推荐阅读

[1]孟昭兰.婴儿心理学[M].北京：北京大学出版社,1997.

[2]陈帼眉.幼儿心理学[M].北京：北京师范大学出版社,1999.

第6章
学前儿童情绪情感的发展

3岁的琪琪第一天进入幼儿园，面对新的环境、陌生的老师和小伙伴，琪琪感到新奇但有一点害怕。琪琪在妈妈的陪同之下，怯生生地进入幼儿园。当妈妈要离开时，琪琪抱着妈妈的腿不放，大哭起来就是不让妈妈走。妈妈离开后琪琪就哭闹不停。为什么琪琪会哭闹不停呢？面对这种情况老师该如何安抚情绪激动的孩子们？

这是因为亲人的离开使幼儿感到不安全，失去依恋对象，从而产生了入园焦虑。此时幼儿的情绪比较复杂，有恐惧、焦虑、痛苦等。其实每个幼儿入园都会不同程度地出现入园焦虑。这就要求教师要了解学前儿童情绪发展的基本规律，掌握相应的情绪调控的方法并应用到教育活动当中。

【学习目标】

知识目标：

1.了解学前儿童基本的情绪类型及其表现；

2.掌握学前儿童情绪情感的特点以及情绪情感发展的一般趋势；

3.掌握情绪表达的规则：弱化、夸大、平静、掩饰。

技能目标：

1.掌握情绪表达规则，能正确识别幼儿的情绪并给予相应的回应和帮助；

2.控制自身的情绪，给予幼儿正确的榜样示范；

3.教会幼儿简单的情绪调控方法，帮助幼儿调控情绪，正确表达情绪；

4.能根据学前儿童的兴趣和年龄特点设计活动，提供机会鼓励和支持学前儿童在游戏过程中获得积极愉快的情绪。

【学习重难点】

1.学前儿童情绪情感的基本规律和特点；

2.情绪表达规则；

3.创设情境帮助儿童恰当表达和调控情绪；

4.教会幼儿情绪调控的方法。

【知识结构图】

- 学前儿童情绪情感的发展
  - 学前儿童情绪情感的基本规律
    - 情绪情感的概述
    - 学前儿童情绪情感发展的规律和特点
  - 学前儿童情绪表达与识别
    - 学前儿童基本情绪类型及其表现
    - 情绪表达规则
    - 学前儿童情绪表达方式的影响因素
  - 学前儿童情绪的管理和调控
    - 营造良好的情绪环境，保持和谐的气氛
    - 成人自身情绪控制
    - 充分利用各种活动培养幼儿的情感
    - 正确疏导幼儿的不良情绪
    - 教会幼儿情绪调控的方法

第一节
学前儿童情绪情感的基本规律

一、情绪情感的概述

（一）情绪和情感的概念

从广义而言，情绪和情感都是人对客观事物的态度体验。

狭义上，情绪指有机体受到生活环境中的刺激时（生物需要是否获得满足），而产生的暂时性的较为强烈的态度及体验。情绪主要由生理唤醒、主观体验和外显行为三种成分构成。生理唤醒是由情绪情感所产生的一种生理反应，如心跳、脉搏、呼吸等的变化；主观体验是个体对不同情绪情感状态的自我感受；而情绪的外显行为则是情绪的外部表达，最明显的标志是面部表情。

情感是情的感受方面，即情绪过程的主观体验。情感是和人的社会性需要相联系的一种较复杂而又稳定的态度体验。情感通常只用于人类，尤其是描述人类高级的社会性情感，如道德感、美感、理智感等。

（二）情绪和情感的关系

情绪和情感作为人对客观事物所持的态度体验，二者既相互联系、密不可分，又相互区别。

1. 情绪和情感的联系

情绪离不开情感。情绪变化受情感支配，情感的深度决定着情绪表现的强度。

情感离不开情绪。情绪是情感的具体形式和直接体验。情感作为情绪的经验概括，是在情绪基础上形成的，又通过情绪反应得以表达。

2. 情绪和情感的区别

从需要角度来看，情绪常与机体的生理需求有关，如愤怒、恐惧、悲哀、高兴等；而情感通常与个体的社会性需要相联系，只有人类才有，如爱国主义、荣誉感、责任感、羞耻心等，是人类所特有的心理现象。

从发生角度看，情绪发生较早，为人和动物所共有；情感体验发生较晚，是个体发展到社会化进程的一定阶段后才产生的。

从表现形式看，情绪是外现的、暂时的，具有情境性。一旦情境发生变化，相应的情绪体验就消失或改变；情感是内隐的、稳定的、持久而又深刻的。

二、学前儿童情绪情感发展的规律和特点

（一）学前儿童情绪情感的基本特点

1. 不稳定性

学前儿童情绪不稳定，受环境支配。情绪常常随外部情境、条件的变化而变化，逐渐减弱甚至消失，情绪持续时间不长。

2. 易冲动性

学前儿童大脑皮质活动兴奋过程强于抑制过程，皮质抑制机能薄弱。情绪容易激动、失控，具有易冲动性。如高兴时马上会手舞足蹈、笑逐颜开；愤怒时立刻会咬牙切齿、暴跳如雷。

3. 外露性

学前儿童的情绪表达规则仍处于学习阶段，情绪的表达较简单和直接。同时，学前儿童的情绪调控能力差，因而情绪的表现形式具有明显的外露性。

（二）学前儿童情绪情感发展的一般趋势

学前儿童情绪的发展趋势主要有三个方面：社会化、丰富和深刻化、自我调节化。

1. 情绪的社会化

新生儿的情绪反应多与生理需求的满足有关。随着年龄的增长，情绪逐渐与社会性需要相联系。学前儿童在人际交往中逐渐产生与社会性需要相关的情绪表达，最后又产生与社会评价相联系的情绪。情绪反映的社会性越来越强。

学前儿童情绪社会化的趋势表现在三个方面：

（1）情绪中社会性交往的成分不断增加；

（2）引起情绪反应的社会性动因不断增加；

（3）表情的社会化，幼儿表情社会化的发展主要包括理解面部表情的能力和运用社会化表情手段的能力两个方面。

2. 情绪的丰富和深刻化

从情绪情感所指向的事物来看，学前儿童的情绪不断丰富，情感日益深刻。

新生儿的情绪是不分化的，1岁后逐渐分化，2岁左右已出现各种情绪。情绪类型的增多以及情绪所指向事物的增加使学前儿童的情绪体验不断丰富。情感的深刻化即指向事物性质的变化，从指向事物的表面到指向事物更内在的特点。如幼儿最初对父母的依恋是出于生理需求，但随着其成长这种依恋更倾向于对父母的尊敬。

3. 情绪的自我调节化

随着年龄的增长，幼儿对情绪过程的自我调节能力越来越强。这种发展趋势表现在三个方面：

（1）情绪的稳定性逐渐提高。随着学前儿童身心的发育，自我控制能力增强，剧烈的情绪波动减少。

（2）情绪的冲动性逐渐减少。随着学前儿童大脑的发育和完善，情绪的冲动性日趋减少。

（3）情绪从外显到内隐。学前儿童在社会交往的过程中逐渐掌握情绪的表达规则，情绪调控能力不断增强，使得情绪的表现从外露向内敛发展。

（三）学前儿童高级情感的发展

学前儿童的情绪世界是一个丰富多彩的世界，不仅具有喜和悲这样简单的情绪体验，更有道德感、美感、理智感等与社会文化相联系的高级情感和社会情操。

1. 道德感

道德感是由自己或别人的行为是否符合道德而引起的情感。它是人类所特有的一种高级情感，是道德品质的重要组成部分。幼儿3岁前只有某些道德感的萌芽，3岁后才出现道德感。3岁后幼儿在集体生活中逐渐掌握了社会各种行为规范，道德感也随之发展。

小班幼儿主要从成人的评价中产生简单的道德感，如受到老师的表扬感到高兴。中班幼儿掌握了一些概括化的道德标准。他们不但关心自己的行为是否符合道德标准,而且开始关心别人的行为是否符合道德标准,如对调皮捣蛋、不遵守课堂纪律的小朋友表示生气和愤怒。大班幼儿的道德感进一步发展和复杂化,产生了鲜明的道德情感。

2. 美感

美感是在审美过程中对美的主观反映、感受和评价。学前儿童主要是对颜色鲜明、图案新颖、变化多样的事物产生美感,如对新衣服、新玩具等产生美感。随着幼儿思维的发展,在环境与教育的影响下,幼儿逐渐形成了审美的标准。幼儿开始对服饰、环境、音乐等提出审美要求。同时,幼儿能够从美术作品、文学作品、音乐、舞蹈等中体验到美,并产生愉悦的情绪体验。

3. 理智感

理智感是在认识和评价事物过程中所产生的情感。理智感与幼儿的认识活动、求知欲、解决问题、探求真理等需要是否得到满足有关。求知欲的扩展和加深是幼儿理智感发展的主要标志之一。幼儿在5岁左右,理智感已明显发展起来,表现在幼儿喜欢提问题,并由于提问和得到满意的回答而感到愉快。

【真题链接】

(2015年上)幼儿看见同伴欺负别人会生气,看见同伴帮助别人会赞同,这种体验是(　　)。

A.理智感　　B.道德感　　C.美感　　D.自主感

B**【解析】**道德感是幼儿评价自己或别人的行为是否符合社会道德行为标准时所产生的内心体验,它是在掌握道德标准的基础上产生的。幼儿时期,道德感已经初步发展。

思考与练习

1.设计一个促进学前儿童美感发展的教学活动,要求写清楚教学目标、教学重难点、活动准备、活动方法、活动过程以及教学评价。

2.班级组织试讲教学活动,并进行全班观摩研讨。

第二节
学前儿童情绪表达与识别

虽然学前儿童的情绪表达大多是情绪情感的直接外露，但由于学前儿童思维和语言发展均处于初级阶段，知识经验不足，词汇量少，成人常常难以理解儿童情绪产生的原因。而人类的情绪类型丰富，不同的情绪类型可能代表不同的需求。加之，不同的儿童情绪表达的特点各不相同，成人更难以根据儿童的情绪给予回应和帮助。因此，要求成人了解学前儿童基本情绪类型及其表现、情绪表达规则和学前儿童情绪表达方式的影响因素，正确识别幼儿的情绪，对幼儿的情绪给予相应的回应。

一、学前儿童基本情绪类型及其表现

人类从种族进化中获得的情绪有8~10种，称为基本情绪，如愤怒、恐惧、高兴、悲伤、惊奇、厌恶、痛苦等。

（一）婴幼儿基本的情绪类型

1. 愤怒

愤怒是愿望不能实现或目标受阻时引起的一种紧张、不愉快的情绪体验。新生儿对不愉快的经历会普遍表现出痛苦。6个月以后婴儿在遇到不愉快的经历时会更多地表现出愤怒。新生儿通常用哭来表达愤怒和不满，如限制婴儿的身体活动、饥饿、生病等。值得注意的是学前儿童在愤怒时常常难以控制自己，可能会诱发攻击性行为。

2. 恐惧

恐惧是人们面对危险情境，企图摆脱却又无能为力时所产生的一种强烈压

抑情绪体验。学前儿童的恐惧包括:

(1)本能的恐惧。

由于新生儿的晶状体不能变形,难以对视觉对象进行有效的聚焦,所以最初的恐惧不是由视觉刺激引起的,而是由听觉、触觉等刺激引起的。如新生儿会因巨大的声音刺激或剧烈的体位变化受到惊吓,感到恐惧。

(2)与知觉和经验相联系的恐惧。

幼儿一般在极端不愉快的经历或创伤之后,会产生对特定物体或环境的恐惧。如在医院打针的疼痛经历。

(3)怕生。

婴儿5~6个月开始认生。认生是儿童认知发展和社会性发展过程中的重要变化。但是,幼儿在1岁左右会特别怕生,通常会表现出皱眉、大哭等。随着幼儿肢体和动作的发育,幼儿学会支配自己的身体后,见到陌生人会躲到父母身后或者跑开。

(4)预测性恐惧。

由想象引起的恐惧属于预测性恐惧。学前期是幼儿想象迅速发展的时期,幼儿普遍害怕黑夜和大灰狼。

恐惧作为基本的情绪,伴随着幼儿的成长过程。父母应重视幼儿的恐惧情绪,对幼儿正常范围内的恐惧不必表现出过分的焦虑,否则会强化幼儿的恐惧感。面对恐惧,父母应多采用肢体动作,如抚摸或拥抱来安抚幼儿。

3. 高兴

婴幼儿高兴情绪通常表现为笑和手舞足蹈。婴儿的笑的发展可以分为三个阶段:

(1)自发的微笑。

婴儿出生5周后就会出现自发性的微笑,或称内源性的笑。这是一种生理表现,而不是交往的表情手段。

(2)无选择的社会性微笑。

新生儿出生5周后受到视觉刺激,看到成人的面孔会微笑,即便看到的是陌生人的脸也会产生微笑反应。

(3)有选择性的社会性微笑。

4个月左右,婴儿出现有差别的微笑。婴儿会对熟悉的面孔发出频繁的无拘束的微笑,对陌生的面孔则带有警惕性的注意。有差别的微笑的出现,是婴儿最初的有选择的社会性微笑发生的标志。

4. 悲伤

悲伤是一种普遍的负性情绪。悲伤是痛苦的表现形式。幼儿的悲伤情绪可以由痛苦引起，如分离焦虑、疼痛等。学前儿童悲伤的表现形式一般就是哭。但随着年龄的增长，学前儿童渐渐学会掩饰和替代情绪，啼哭会减少。

（二）学前儿童的四种基本情绪的表现

一般而言，情绪变化会引起肢体动作和面部表情变化，如皱眉、板脸、耸肩等；生理变化，如心跳加速、血压增加、喘气、出汗等；适应性行为，如趋近或回避、逃跑或打斗、友爱或攻击，等等。四种基本情绪的表现如表6–1：

表6–1 四种基本情绪的表现

情绪	面部表情	生理反应
愤怒	眉毛向下连在一起；瞪眼； 张大嘴，或者嘴唇抿在一起	心跳加速；体温升高；脸红
恐惧	眉毛上扬；眼睛睁大，紧张，直盯着刺激物； 双唇向两耳方向略微拉伸	快而稳定的心跳； 体温降低；呼吸急促
高兴	嘴角朝上朝后；两颊升起； 眼睛眯成一条线	心跳加快；不规则呼吸； 皮电反应提高
悲伤	眉毛内端朝上；上眼皮下垂； 双目无光；嘴角向下，下巴朝上	心跳慢；体温低；皮电反应差

二、情绪表达规则

情绪表达是人们表达内心情绪体验的一种方式，日常生活中为了让情绪表达符合社会规则，人们往往通过主观意志和理性来控制和调节情绪表达。因此，情绪体验和情绪表达之间存在一种内在的调节机制——情绪表达规则。学前儿童在社会交往的过程中逐渐掌握这些规则。

1. 弱化

减弱真实情绪的表达强度。例如，幼儿比赛得了第一名，为了不让没获奖的好朋友难过，表现得没那么兴奋。

2. 夸大

夸大真实的情绪表现。例如，幼儿摔倒了，明明没有那么疼，但是为了得到妈妈的关注，故意大哭。

3. 平静

出现看似自然或中性的表情。例如，幼儿跟同学玩耍时候不小心摔了一跤，明明很疼，为了面子，孩子忍着疼，一脸平静地说："没事，不疼。"

4. 掩饰

表现完全不同于真实情绪的表情。例如，为了不让妈妈失落，即使妈妈做的生日蛋糕不好吃，但还是很高兴地说："妈妈您做的蛋糕很好吃，我非常喜欢！"

学前儿童根据情绪表达规则对他人的情绪做出反应或产生共情，是学前儿童情绪理解能力不断提高，社会性得到一定发展的表现。同时，学前儿童为了实现自己的目的或获得利益而依据情境和情绪表达规则，压抑、控制外部情绪的表达，体现了学前儿童情绪调控能力的增强。

三、学前儿童情绪表达方式的影响因素

1. 学前儿童的气质类型

个人的气质类型、性格特征会影响个人情绪的表达方式，使情绪表达因人而异。如，气质类型为抑郁质的人，情绪表达更含蓄内敛；气质类型为胆汁质的人，情绪表达方式多样并且更直接。

2. 父母的教养方式

美国心理学家戴安娜·鲍姆林德把父母的教养方式分为权威性、专制型、溺爱型、忽视型四种。学前儿童情绪的表达会受到父母的教养方式的影响。权威性父母施行理性、严格但不乏民主、关爱和耐心的教育方式。在这样的教导之下，幼儿乐于表达自己的情感，更多地采取积极的、正面的情绪表达方式。专制型父母以严厉的态度对待幼儿，很少考虑幼儿的意愿。拥有专制型父母的幼儿通常表现得焦虑和不开心。溺爱型父母对幼儿采取放任的态度，很少对幼儿的行为进行控制。在这种教养方式之下，幼儿往往很冲动，情绪表达更具冲动性和外露性。忽视型父母与幼儿互动少，对幼儿的情绪反应关注少。幼儿更容易出现情绪自我调控能力差的问题。

3. 外部环境

情绪产生于一定的社会情境，因此情绪表达受到外部因素的影响，其中最明显的是受到一定社会文化的影响。如，在追求家庭和谐安静的价值观影响下，日本的情绪氛围是一种讲话要柔和、很少语言表达的氛围。因而日本与其他国家相比，情绪表达的方式更倾向于肢体语言。

第三节
学前儿童情绪的管理和调控

过去我们过分强调智力对人发展的影响。但随着社会发展，人际交往日益增多，人与人的合作更为密切，人际交往的能力愈显重要。个人对自身情绪的认知与调控能力影响着我们的工作和生活。

学前儿童的情绪情感呈现不稳定、易冲动的特点，需要成人加强管理，扩展其理解情绪的范畴并掌握调节情绪的方法。学前儿童对情绪的管理和调控属于情绪能力的一部分。学前儿童的情绪能力存在个体差异。差异主要受到生理基础即先天的气质类型、外部的生态环境、家庭和人际关系的影响。我们根据情绪能力的影响因素提出情绪管理和调控的策略。

一、营造良好的情绪环境，保持和谐的气氛

《3~6岁儿童学习与发展指南》注重幼儿心理健康和社会性的发展，对幼儿情绪的发展提出明确的目标与教育建议。《3~6岁儿童学习与发展指南》明确提出要创设温馨的人际环境，营造良好的外部成长环境让幼儿充分感受到亲情和关爱，形成积极稳定的情绪情感。

（一）家庭中营造和谐融洽的家庭氛围

情绪产生于一定的情境中。儿童最先在家庭中学习管理情绪。在家庭中，父母要营造和谐融洽的家庭氛围，培养学前儿童活泼开朗的性格，维持愉快的情绪。对于孩子的不同情绪要给予及时合理的回应，这样有利于增强儿童对情绪的理解。父母对儿童情绪的反应也有利于儿童提高移情的能力。面对幼儿的诉求家长要耐心倾听，对幼儿合理的愿望要给予肯定和支持，对于幼儿不合理的要求则要耐心解释。不要忽视和冷落幼儿的诉求，更不能限制幼儿诉求的表达。

(二)幼儿园中创设愉快的环境,建立平等和谐的师幼关系

幼儿情绪情感的发展也离不开教师的帮助。在学校,教师要从环境创设和师幼关系等方面为幼儿创设和谐愉快的环境,帮助幼儿表达积极的情绪,疏导消极的情绪。

一方面要创设温馨愉悦的物理环境。蒙台梭利在《童年的秘密》中提出“把儿童安置在一个愉快的环境里,在那里几乎所有的东西都是他们自己的。整洁白色的教室,新的小桌子、小凳子和小扶手椅都是特地为他们制作的,以及在温暖的阳光下院子里的草坪。”因此,教师在为幼儿创设环境时要充分考虑幼儿的身高、视角;材料的选择要考虑幼儿的脆弱性和敏感性,如避免尖锐、锋利的物品,确保物品的材质安全、无毒等。同时教师要鼓励幼儿参与环境创设。幼儿在安全、亲切的环境中产生归属感,利于形成积极稳定的情绪情感。

另一方面是要建立平等和谐的师幼关系。首先,教师要树立儿童本位的思想,尊重幼儿,欣赏幼儿,善于发现幼儿的优点,鼓励幼儿表达情绪。此外,教师要关爱幼儿,努力做他们的朋友,构建和谐的师幼关系,让他们感到温暖和关爱,培养稳定积极的情绪。

二、成人自身情绪控制

成人的情绪控制会影响幼儿的情绪调控。研究表明,家长的移情能力与儿童的移情能力呈正相关。移情能力强的家长抚养的儿童不太容易发怒,同时也能更多地出现移情。移情能力不强的家长对儿童的控制性更强,因此他们的儿童更容易发怒,也很少表现出移情。由此可见,成人对情绪的控制会影响学前儿童对情绪的理解与调控。

此外,根据班杜拉的社会学习理论,人类的大量行为是通过模仿学习而习得的。学前儿童知识经验缺乏,所以对于幼儿而言,模仿学习更接近其真实学习过程。另一方面,成人尤其是家长和教师,他们是幼儿心目中的权威人物,是幼儿乐于模仿的对象。综上,我们可以知道成人作为幼儿热衷模仿的对象,其情绪调控会影响儿童情绪调节的方式。因此,成人要注意对自身情绪的控制。

成人要实现对自身情绪的调控必须掌握相应的情绪调控方法。只有掌握了正确的情绪调控方法才能避免喜怒无常,保持良好的情绪状态,给幼儿以愉快、稳定的情绪示范和感染。

三、充分利用各种活动培养幼儿的情感

父母和教师均应当提供各种利于幼儿身心发展的活动，为幼儿愉悦情感的产生提供机会。父母可在亲子阅读中与孩子谈论故事中人物的情绪体验、情绪产生的原因等，引导幼儿思考不同人物的情绪特点及其情绪产生的原因，增强学前儿童对情绪的感性认识。教师可在角色扮演中鼓励幼儿体会和表现不同角色的喜怒哀乐，培养学前儿童对情绪的表达和控制能力。

四、正确疏导幼儿的不良情绪

幼儿年龄小，认知能力低，对自身情绪的识别不强。同时，幼儿神经系统兴奋性强，易激动，难以控制自己的行为。因而常常出现闹脾气、哭闹不止等情绪失控的现象。这需要成人了解幼儿的身心特点，掌握相关的幼儿情绪调控方法，正确疏导幼儿的不良情绪。常见的情绪调控方法有：

（一）转移法

转移法是指把注意力从产生消极否定情绪的活动或事物上转移到能产生积极肯定情绪的活动或事物上来。当面对消极情绪时，成人可以把幼儿的注意力转移到其他事物上，如唱歌给幼儿听、转移话题等，使幼儿大脑皮层的兴奋中心转移，从而达到排遣不良情绪的目的。

（二）冷却法

当幼儿情绪十分激动时，成人要把教育的重点放在平静幼儿的情绪上，可以采取暂时不予理睬的办法。待幼儿冷静下来后，引导幼儿反思自己刚才的情绪表现是否合适。

（三）消退法

对幼儿的消极情绪采取条件反射消退法。消退法是指减少某些不良行为的强化因素，从而减少这些行为发生的概率。如花花每天晚上睡觉前都会哭闹不止，一定要妈妈陪伴并哄着入睡。这时妈妈的陪伴便是花花哭闹的强化因素。根据消退法，妈妈要对花花的行为采取不理睬的态度。一开始花花哭闹1个小时，哭累了才睡着。但妈妈坚持不予理睬的态度会使花花哭闹的时间渐渐缩短为30分钟、15分钟、10分钟等。最后，花花明白哭闹不会得到妈妈的陪伴，于是就会停止采用哭闹引起成人注意这一行为，自己乖乖地去睡觉。

五、教会幼儿情绪调控的方法

情绪的管理和调控是情绪能力的重要内容，是幼儿社会化的过程中必须掌握的技能，所以成人教幼儿如何调控情绪十分必要。情绪调控的方法主要有：反思法、自我说服法、想象法以及合理的自我排遣。

（一）反思法

当幼儿出现情绪失控等情绪问题时，成人可以让幼儿反思自己的行为是否合适。如面对不愿意吃青菜而闹脾气的幼儿时，父母可以试探性地问："小宝贝，老师是不是总说'乖宝宝，不哭、不闹、不挑食'呀？"成人引导幼儿反思自己的行为其实是采取间接的方式调控幼儿的不良情绪。

（二）自我说服法

自我说服法是调节情绪的重要方法，可运用到调节学前儿童的多种情绪中，如胆怯、恐惧、失落等。教师在鼓励胆怯的孩子进行某项活动时，可让幼儿说："我已经是大孩子了，我不怕，我能行！"当幼儿晚上因害怕黑夜哭闹时，成人可以教他说："我是勇敢的孩子，我不怕黑。"在自我说服下，幼儿可以减少恐惧情绪。

（三）想象法

日常生活中，幼儿由于认知能力的限制、知识经验的不足，常常产生恐惧情绪。如怕黑、怕大灰狼、怕晚上窗外摇摆的树枝等。成人可采用想象法缓解幼儿的恐惧情绪。当幼儿害怕小动物时，父母可教幼儿把自己想象成超人。超人是勇敢的，不会害怕可爱的小动物。

（四）合理的自我排遣

学会保持稳定、愉快的情绪是学前儿童的重要能力。成人应教会儿童如何自我排遣消极情绪。成人可以鼓励孩子向亲人或者同伴诉说内心感受。培养幼儿多种兴趣爱好，让幼儿在活动中转移或发泄情绪，如采取画画、运动等合理方式调控情绪。

【拓展阅读】

学前儿童情绪发展的年龄段目标

3~4岁	4~5岁	5~6岁
1. 情绪比较稳定，很少因一点小事哭闹不止 2. 有比较强烈的情绪反应时，能在成人的安抚下逐渐平静下来	1. 经常保持愉快的情绪，不高兴时能较快缓解 2. 有比较强烈情绪反应时，能在成人提醒下逐渐平静下来 3. 愿意把自己的情绪告诉亲近的人，一起分享快乐或求得安慰	1. 经常保持愉快的情绪。知道引起自己某种情绪的原因，并努力缓解 2. 表达情绪的方式比较适度，不乱发脾气 3. 能随着活动的需要转换情绪和注意

教育建议：

1.营造温暖、轻松的心理环境，让幼儿形成安全感和信赖感。如：

保持良好的情绪状态，以积极、愉快的情绪影响幼儿。

以欣赏的态度对待幼儿。注意发现幼儿的优点，接纳他们的个体差异，不能简单地与同伴做横向比较。

幼儿做错事时要冷静处理，不能厉声斥责，更不能打骂。

2.帮助幼儿学会恰当表达和调控情绪的规则。如：

成人用恰当的方式表达情绪，为幼儿做出榜样。如生气时不乱发脾气，不迁怒于人。

成人和幼儿一起谈论自己高兴或生气的事，鼓励幼儿与他人分享自己的情绪。

允许幼儿表达自己的情绪，并给予适当的引导。如幼儿发脾气时不硬性压制，等其平静后告诉他什么行为是可以接受的。

发现幼儿不高兴时，主动询问情况，帮助他们化解消极情绪。

【本章小结】

情绪和情感是人对客观事物是否满足自己的需要而产生的态度体验。学前儿童情绪情感的发展是学前儿童社会性发展的重要方面，具有重要意义。

面对情绪变化多样而表达能力较差的学前儿童，我们必须了解其情绪情感发展的基本规律和特点。学前儿童情绪情感具有不稳定性、易冲动性和外露性的特点。同时学前儿童情绪情感的发展是一个动态的过程。但随着幼儿的成长,情绪的的发展呈现:情绪的社会化、情绪的丰富和深刻化、情绪的自我调节化等趋势。情绪情感表达内容从生理性需要到社会性需要;引起情绪变化的事物增多,情绪情感不断丰富;刺激物的性质发生变化,情感体验日益深刻;情绪情感的表现形式由外显到内隐。学前儿童情绪情感的深化利于高级情感:道德感、美感和理智感的出现和发展。

此外,了解学前儿童基本的情绪和认识情绪表达的规则有利于我们识别幼儿的不同需求并给予正确的回应。学前儿童基本的情绪有愤怒、恐惧、高兴和悲伤等。不同的情绪类型对应不同的外部表现形式。学前儿童的情绪表达受到个人先天气质类型、家庭教养方式以及社会环境的影响,存在个体差异和文化差异,但学前儿童情绪表达存在一定的情绪表达规则:弱化、夸大、平静以及掩饰。

在了解了情绪情感的概念和特点以及情绪情感的表达规则后,成人应当明白一切情绪皆合理。情绪只有积极和消极之分,没有正确和错误之分。值得注意的是,情绪的表达要符合社会规则,尽量减少消极情绪带来的不良影响。因此,成人应当掌握一定的情绪调控方法,如转移法、冷却法和消退法,帮助幼儿疏导不良情绪,同时控制好自身情绪,给幼儿积极稳定的情绪感染。并在学校和家庭中营造融洽的情绪氛围,促进学前儿童积极情绪的形成。此外,成人还要充分利用各种活动,教会学前儿童运用反思法、自我说服法、想象法以及合理的自我排遣来管理情绪,培养健康向上的情绪。

【考点扫描】

年份	2017年上	2016年下	2016年上	2015年下	2015年上
分值	3		23		3
知识点分布	选①		选①材①		选①
年份	2014年下	2014年上	2013年下	2013年上	2012年下
分值		20	3	3	
知识点分布		材①	选①	选①	
备注	“选”代表单项选择题,“简”代表简答题,“论”代表论述题,“材”代表材料分析题,带圈符号代表该知识点出现的频率。				

【模拟练习】

一、单项选择

1.(　　)具有不稳定性,往往由当时的情境所引起。它有较为明显的外部表现,如高兴时手舞足蹈,愤怒时咬牙切齿。

A.感情　　B.情绪　　C.情感　　D.个性

2.根据主体与客体之间关系的不同,一般可以把情绪划分为四种基本形式,即(　　)、悲哀、愤怒和恐惧。

A.失望　　B.激动　　C.喜爱　　D.快乐

3.情绪与人的身心健康互相制约、互相影响。下列哪种做法不利于幼儿保持健康的情绪(　　)。

A.使幼儿经常处于愉快的情绪状态

B.允许幼儿适当的宣泄

C.束缚孩子的活动、交往

D.让幼儿学会认识和评价自己与他人

4.幼儿园教师常常把刚入园的哭着要找妈妈的孩子与班内其他孩子暂时隔离开来。这主要是因为(　　)。

A.该幼儿不适合上幼儿园　　B.教师不喜欢哭闹的孩子

C.幼儿的情绪容易受感染　　D.幼儿常常处于激动的情绪状态

二、简答题

5.幼儿高级情感发展表现在哪几个方面?

推荐阅读

[1]朱智贤.心理学大词典[M].北京:北京师范大学出版社,1989.

[2]黄希庭,郑涌.心理学导论(第三版)[M].北京:人民教育出版社,2015.

第7章 学前儿童个性与社会性的发展

月月是这学期来的新生，刚入园的她腼腆内向，总是安安静静地坐着。一段时间后，在入园时表现腼腆内向的她开始有了些改变：愿意与同组的幼儿进行一些简单的交流了，学习的时候也能够尝试举手回答问题了……

在小组长任命仪式上，在大家的推选下，月月成了为期一周的小组长。一周后，作为小组长的月月表现得很出色，获得了一个大苹果后，小组长便换成了其他幼儿。

三天后，月月妈妈向老师反映，最近几天月月都不愿来幼儿园，她说是不让她做小组长了。月月妈妈问："是不是可以把我们家孩子换回原来的组，她跟我讲这组的小朋友她都不认识，她不想来幼儿园了。"

【学习目标】

1.了解学前儿童的能力、气质、性格等的发展特点。

2.掌握学前儿童在社会性发展中，与三方面的“重要他人”的交往并建立的人际关系如亲子关系、同伴关系、师幼关系，同时分析社会行为和道德发展等问题，并在此基础上提出一些相适应的教育措施。

【学习重难点】

重点：

1.理解学前儿童能力的结构与差异；

2.了解并认识学前儿童气质的类型与意义；

3.掌握学前儿童性格的特点与塑造方法；

4.掌握学前儿童亲子依恋的形成与发展阶段；

5.思考同伴关系的重要性，掌握其测量方法与类型划分；

6.结合幼儿园的实际，思考学前儿童师幼关系的特点与类型。

难点：

1.根据不同儿童的个性特点进行有针对性的教育；

2.结合在实际生活中的观察，思考如何有效培养和训练学前儿童的社会行为。

【知识结构图】

- 学前儿童个性与社会性的发展
  - 学前儿童的能力发展
    - 能力的含义
    - 能力的分类
    - 能力的发展
    - 能力的差异
    - 学前儿童能力的培养
  - 学前儿童的气质发展
    - 气质的类型
    - 气质的影响因素
  - 学前儿童的性格发展
    - 性格的特点
    - 良好性格的养成
  - 学前儿童的社会性发展
    - 学前儿童的亲子依恋
    - 学前儿童的同伴关系
    - 学前儿童的师幼关系
    - 学前儿童的社会行为

第一节 学前儿童的能力发展

心理学所讲的个性是指一个人全部心理活动的总和，或者是具有一定倾向性的各种心理特点或品质的独特结合。个性的发展需要经历一个漫长的过程。2岁左右，随着各种心理过程、心理成分的发生发展，个性开始萌芽。3岁后，儿童个性的发展逐渐呈现出一些特点：个性的各种结构成分，尤其是自我意识、性格和能力等已经初步发展起来，有稳定倾向性的各种心理活动已经开始结合为一个整体，形成独特的个性。但是直到18岁个性才基本定型，并且以后还有可能发生变化。

一、能力的含义

能力是个性心理特征之一，是指人们成功完成某种活动所必需的条件。

二、能力的分类

(1)纵观以往研究，主要有两种观点：一种观点认为，能力可以分为实际能力和潜在能力，潜在能力是实际能力形成的基础和条件，而实际能力则是能力的展现。另一种观点认为，能力分为一般能力和特殊能力，一般能力是指在各种活动中都能表现出来的能力，如智力等；特殊能力是指从事专门活动所需要的能力，如绘画能力、音乐能力等。

(2)学前儿童的能力可以分为运动能力、操作能力、智力和社会交往能力。2岁前，儿童的运动能力、操作能力、智力和社会交往能力是难以区分的。例如，儿童八九个月时就能爬过去拿到拨浪鼓递给妈妈，并对着妈妈微笑，体现了他的一种人际智慧，也显示了运动能力、操作能力和一定的认知能力。

三、能力的发展

（1）经验的总结和概括即知识。能力是知识与经验在应用中转化而成的一种复合特征。因此能力的发展离不开知识与经验的获得，能力又是在知识与经验的获得过程中发展起来的。

（2）智力是能力的重要组成部分，是儿童完成各种活动最基本的心理条件，在儿童心理活动中占据着重要地位。儿童智力的发展是一个不断分化和复杂化的过程，表现出先快后慢的上升趋势。美国教育心理学家布鲁姆以17岁为智力发展的最高点，假定其为100%，则2岁前发展到20%，4岁达到50%，8岁达到80%，其余20%是后十年的发展任务。可见，出生后头几年是智力发展最迅速的时期。

四、能力的差异

能力是重要的个性特征，在一定程度上体现着一个人的价值。人的各种能力并不是齐头并进发展的，也并不是所有人的能力都一样，学前儿童的能力在类型、水平以及年龄上的发展和表现存在着个体差异。

1. 能力类型上的差异

个体间能力类型的差异是一种普遍的现象。霍华德·加德纳针对传统智能理论提出了著名的多元智能理论，他认为智能是在某种社会或文化环境的价值标准下，个体用来解决自己遇到的真正难题或产生及创造出有效产品所需要的能力。智能并不只是一种，而是多种多样的，有八种或八种以上（语言智能、音乐智能、逻辑——数理智能、视觉——空间智能、身体运动智能、人际智能、自我认识智能、自然观察智能）。对儿童来说，并不是每种智能他们都具备，也不是每一种智能都能很突出，大多数儿童都只具备其中的几种。

2. 能力水平上的差异

能力水平上的差异，是指人与人之间各种能力的发展程度不同，所具有的水平也不同。例如，正常的人均具有记忆能力，但人与人之间的记忆力强度不同；正常的人也都有思维能力，但思维的广度和深度也不同。在心理学研究中，有人把能力水平的差异分为能力低下、能力一般、才能和天才四个等级。

3. 能力发展在年龄上的差异

能力发展在年龄上的差异主要表现在两个方面：一是指不同儿童同一能力

出现的早晚，二是指同一儿童不同能力出现的早晚。

五、学前儿童能力的培养

1. 提供丰富多彩的环境刺激

儿童脑的机能有很大的可塑性，是在环境的影响下发展完善起来的。环境刺激的数量、质量和强度决定着儿童脑的发展，丰富的环境刺激能够最大限度地激发儿童的兴趣。

2. 进行有目的有计划的早期教育

早期教育是根据儿童生长发育规律及其神经心理发育的特点，有目的、有计划地对儿童的感官施以丰富刺激和训练。早期教育的形式多种多样，有在家庭中实施的教育，还有在专门机构中进行的教育，这要求成人要有一定的辨别力，不能只是灌输知识、揠苗助长，应当在了解儿童能力发展水平的基础上进行科学合理、适时适度的教育。

3. 培养儿童良好的非智力因素

广泛稳定的兴趣，强烈的求知欲与能力的发展密切相关；坚强的意志，顽强的奋斗精神对能力的发展有积极作用。上海师范大学的燕国材教授认为，非智力因素有广义和狭义之分，广义的非智力因素是指智力因素以外的全部心理因素的总称；狭义的非智力因素主要包括动机、兴趣、情感、意志和性格五个基本的心理因素。

【真题链接】

（2013 年上半年）有的幼儿擅长绘画，有的幼儿善于操作，有的幼儿很会讲故事，这体现了幼儿（　　）

A.能力类型的差异　　B.能力发展早晚的差异

C.能力发展速度的差异　　D.能力水平的差异

A**【解析】**人的能力是多种多样、千差万别的。这句话体现了幼儿的能力差异，教师要注意发现每个幼儿的长处，不要用一把尺子去衡量幼儿。

第二节
学前儿童的气质发展

气质是一个人心理活动所特有的动力特征。与其他个性心理特征相比，气质和人的生理解剖特点有直接联系，具有比较突出的生物性。“脾气”“性情”“秉性”等都是气质的通俗说法。

一、气质的类型

对婴幼儿气质类型的划分有多种标准。传统的划分方法以高级神经活动类型为标准，近年来也有不少西方研究者以儿童的基本生活的活动模式等为划分标准。

1. 传统的气质类型

表7-1　传统的气质类型

气质类型	心理表现	神经类型
抑郁质	敏感、畏缩、孤僻	弱
胆汁质	反应快、易冲动、难约束	强、不平衡
黏液质	安静、迟缓、有耐性	强、平衡、不灵活
多血质	活泼、灵活、好交际	强、平衡、灵活

2. 根据活动模式划分的气质类型

近年来，我国学者也对儿童的气质类型做了一些探讨。刘文、杨丽珠、邹萍采用问卷调查法请教师对3~9岁儿童的气质类型进行评定，发现3~9岁儿童的气质有以下五种类型。

(1)活泼型。

精力旺盛、好动、活动量大且时间长;情绪易激动、不稳定、耐受性差;对外界刺激的反应包括认知活动的反应一般;对环境和人的适应性、灵活性表现一般;坚持性较差,注意力易分散。

(2)专注型。

注意力持久且不易分散,坚持性强;喜欢安静的活动,活动量小;情绪稳定,不易激动,耐受性强;对外界刺激的反应包括认知活动反应一般;对环境和人的适应性、灵活性表现一般。

(3)抑制型。

对环境和人的适应性、灵活性表现较差,退缩、害羞;不喜欢大运动量的活动;情绪稳定、不易激动;对外界刺激的反应包括认知活动的反应水平低;坚持性强、注意力不易分散。

(4)均衡型。

情绪基本稳定;活动的强度与时间适中;对各种刺激反应一般;对环境和人的适应性、灵活性表现一般;注意力持续的程度中等。

(5)敏感型。

对外界各种刺激的感受性强、敏锐、反应快,接受新事物快;注意力持久,易集中,不易分散;活动强度和时间适中,对环境和人适应快、灵活;情绪化表现比较稳定,积极情绪占主导。

二、气质的影响因素

在人的各种心理特征中,气质是最早出现的,也是相对稳定的。但是气质并非一成不变,在后天环境、教育的影响作用下,儿童的气质是可以改变的。气质是遗传因素与环境因素相互作用的结果。

1. 遗传因素

研究表明,遗传因素在气质的发展中具有重要的作用。一般来说,血缘关系相近的人比无血缘关系或血缘关系远的人在高级神经活动特征上更接近。

美国纽约纵向研究所通过对231名儿童从婴儿期直至青春期的追踪研究发现,儿童一出生在气质特征上就表现出巨大的差异,这体现在活动水平、生理机能的规律性、对陌生人和新环境的敏捷性、对环境变化的适应性、心境特点、反应的强度、注意力的稳定性等方面。随着年龄的增长,这些特征基本能保持相对不变,这显然是遗传因素的作用。

2. 环境因素

环境和教育在气质的培养和改变中,起着决定性作用。

(1)父母教养方式。

研究表明,父母教养方式确实对儿童气质的发展产生影响。费希和伊莎贝拉(1991)研究发现婴儿在出生后的第一年内,如果父亲与婴儿沟通较少,婴儿的负面情绪就会增多;而如果负面情绪占主导的婴儿其母亲有较强的敏感性,那么婴儿的负面情绪就会减少。

(2)早期教育。

这里的早期教育既包括早期家庭教育,又包括在早期教育机构实施的教育。接受早期教育的儿童气质突出表现为规律性强、坚持度久、情绪控制能力好。

【真题链接】

(2012年上半年)培养机智、敏锐和自信心,防止狐疑、孤独,这些教育措施主要是针对(　　)。

A.胆汁质的儿童　　　　B.多血质的儿童

C.黏液质的儿童　　　　D.抑郁质的儿童

D**【解析】**狐疑、孤独是抑郁质孩子的特点,此种教育措施就是针对抑郁质孩子的。

第三节
学前儿童的性格发展

性格是个性中最重要的心理特征，代表个体个性的本质。心理学上将性格界定为一个人对现实的稳定态度和习惯化的行为方式中表现出来的个性心理特征。它表现在对客观现实的稳定态度和习惯的行为方式中。性格是后天形成的，是主体与客体相互作用的结果。

一、性格的特点

两岁左右，随着各种心理过程、心理状态和自我意识的形成和发展，儿童出现了最初性格的萌芽。幼儿期的典型性格最突出的特点是：

1. 活泼好动

幼儿喜欢做各种动作，不停变换活动方式。一般情况下，幼儿不会因为自己不断变换活动而疲倦。研究发现，幼儿的好动对教育有着重要意义，他在不断的活动中能增加与事物的接触，得到各种刺激，从而满足其认知、情感等各种心理发展的需求。

2. 好奇好问

幼儿对新事物都会有一种新鲜感，他们会很有兴趣地去了解它，但是儿童的好奇心并非是一成不变的，而是会随着年龄的增长而变化，这种变化主要表现在儿童问句的改变上。好问是好奇心的一种重要表现。儿童的问句经历了从"是什么"到"怎么样"再到"为什么"的发展过程，在三四岁时"为什么"的问题格外多。

3. 易冲动

幼儿很容易受到外界环境或他人的影响,情绪易激动,自我控制能力较差。抗拒诱惑和延迟满足被认为是幼儿自制的两种形式。抗拒诱惑是指抑制自己,不从事能够得到满足但不被社会允许的行为。延迟满足是指为了获得长远利益自愿延缓当前享受的行为。如有的幼儿做事时急于完成任务,常常比较马虎、粗心大意。又如有的幼儿喜欢提问题,但常常从自己的情绪出发,为提问题而提问题,并没有认真思考。

4. 易受暗示、好模仿

幼儿往往受外界环境的影响而改变自己的意见,受暗示性强。陈鹤琴指出暗示分为内外两种,外暗示是由外界刺激引起的,内暗示是由自己内部引起的。

模仿是低龄儿童最重要的学习方式,言语、技能等可以通过模仿习得。一般情况下,儿童的善恶观念、是非观念都很浅薄,所以他们在模仿时很难区分哪些是不好的,不应被模仿的。这要求成人既要给他们创造良好的环境,又要以身作则,树立良好榜样。

二、良好性格的养成

1. 重视家庭教育

(1)父母对孩子的爱要把握尺度。父母对待孩子时,应该把握分寸,否则就会成为溺爱。此外,在教育孩子的过程中,父母应多使用一些赞扬、鼓励的手段,慎用惩罚。

(2)父母要为孩子树立良好的榜样。孔子说:"其身正,不令而行;其身不正,虽令不从。"这说明榜样的作用是很大的。因此,父母要做好孩子的榜样,给孩子正确的引导。

2. 优化幼儿园教育

(1)重视幼儿园环境创设。

良好的环境给幼儿整洁、清新的感觉,使幼儿在潜移默化中形成积极向上的性格。人际环境也是环境的一种,也是良好性格形成的必要条件。教师应当经常与幼儿进行情感沟通,对其多鼓励、少斥责,力争与其建立和谐、亲密、融洽的人际关系。另外,教师还应当引导幼儿积极、真诚地与同伴交往,在积极的同伴关系中促进幼儿良好性格的形成和发展。

(2)积极组织实践活动。

游戏对幼儿良好性格的形成和发展有重要影响，尤其是在角色游戏中。在此过程中，幼儿对人、事以及对自己的正确态度和行为习惯得到稳固，同时不正确的态度和习惯得以纠正。另外，幼儿园中各领域的教育活动都应对幼儿提出一定的要求和任务，以此培养幼儿的坚持性、独立性以及责任感等。

第四节 学前儿童的社会性发展

社会性是指作为社会成员的个体为适应社会生活所表现出的心理和行为特征，也就是人们为了适应社会生活所形成的符合社会传统习俗的行为方式。

社会性与个性相比，个性强调的是独特性，是个人的行为方式；而社会性强调的是人们在社会组织中符合社会传统习俗的共性的行为方式。

社会性发展是指儿童在一定的社会历史条件下，逐渐独立掌握社会规范，恰当处理人际关系，从而能适应社会生活的心理和行为发展过程。儿童社会性发展的过程又称为儿童社会化。

一、学前儿童的亲子依恋

（一）依恋的含义与特点

1. 依恋的含义

依恋主要是指婴儿与抚养者之间建立的一种积极的、充满深情的情感联结，由于婴儿的抚养者多为其父母，故又称为亲子依恋。依恋主要表现为啼哭、微笑、吸吮、喊叫、抓握、身体接触、依偎、跟随等行为。

2. 依恋的特点

（1）在对象上，依恋具有选择性。

婴儿倾向于依恋那些能够引起特定的情感体验与行为反应、满足自身需要的个体，而非依恋所有人。

（2）在行为上，依恋具有亲近性。

依恋者寻求与依恋对象身体的接近，如婴儿寻求与母亲在身体上的接触，倾向于依偎在母亲的怀抱里，对着母亲发声、微笑或在母亲身旁活动。

（3）在关系上，依恋具有相互性。

依恋双方具有某种和谐性，他们能保持行为与情感的呼应与协调。

（4）在结果上，依恋具有支持性。

依恋双方尤其是依恋者，可以从依恋关系中获得一种慰藉和安全感以及心理支持，当婴儿遇到压力、困难和挫折时，母亲的保护、抚慰能有效地使他平静下来。这种结果上的支持性既是依恋行为的必然报偿，同时也是巩固和加强依恋关系的情感基础与内在动力。

（5）在影响上，依恋具有长期性。

对学前儿童来说，寻求亲近是依恋基本的外在行为表现，而强烈的相互依存的情感则是依恋基本的内在心理表征。依恋在本质上是一种融情绪、情感、态度及信念于一体的复杂系统。

（二）依恋的发展阶段

1. 无分化阶段（0~3个月）

该阶段婴儿对人的反应的最大特点是不加区分，没有差别，婴儿对所有人的反应几乎都是一样的。同时，所有的人对婴儿的影响也是一样的。此时的婴儿没有实现对人际关系客体的分化，并不介意被陌生人抱起。

2. 低分化阶段（3~6个月）

婴儿开始识别熟悉的人（如父母）与不熟悉的人的差别，也能区别一个熟悉的人与另一个熟悉的人。

3. 依恋形成阶段（6个月~2.5岁）

这时候起，孩子对母亲的存在尤其关注，当母亲离开时孩子会感到非常不安，表现出一种分离焦虑。同时，当陌生人出现时，孩子会表现出怯生、无所适从。

4. 修正目标的合作阶段（2.5岁以后）

随着认知水平和语言能力的提高，儿童自我中心减少，亲子之间形成了“目标——矫正”的“伙伴关系”。儿童能认识并理解母亲的情感、需要、愿望，能够理解父母离去的原因，也知道他们什么时候回来，这样分离焦虑便降低了。总之，这时候的儿童会同父母协商，向成人提出要求，亲子之间的合作性加强。

（三）依恋的类型及影响因素

1. 依恋的类型

（1）焦虑——回避型依恋。

这类儿童在陌生情境中，母亲是否在场对他们的探究行为没有影响。母亲离开时，他们并没有表现出明显的分离焦虑；母亲返回时，往往也不予理会；母亲接近时反而会转过身去，回避母亲的亲密行为。

（2）安全型依恋。

这类儿童在陌生情境中，把母亲作为“安全基地”。母亲在场时，能安心地玩玩具；母亲离开时，表现出苦恼和不安；母亲返回时，会立即寻求与母亲的接触。

（3）焦虑——抗拒型依恋。

这类儿童在陌生情境中，难以主动探究周围环境，表现出明显的陌生焦虑。焦虑——回避型依恋和焦虑——抗拒型依恋又称为不安全型依恋，是消极的、不良的依恋。

2. 影响依恋的因素

（1）儿童自身的特征。

儿童的先天特性尤其是气质在很大程度上赋予了儿童依恋行为特定的速度和强度，制约着儿童的反应方式和活动水平。

（2）抚养特征。

安斯沃斯认为，抚养经验可以转变儿童的抚养特征。抚养特征包括稳定的抚养者、抚养的质量、抚养者的情绪、抚养者的依恋经验。

【真题链接】

（2014年下半年）1.在陌生情境实验中，妈妈在婴儿身边时，婴儿一般能安心地玩玩具，对陌生人的反应也比较积极，婴儿对妈妈的这种依恋类型是（　　）。

A.回避型　　B.无依恋型　　C.安全型　　D.反抗型

C**【解析】**安全依恋于母亲的儿童，当母亲在场时，会自由地进行探索，与陌生人打交道，在母亲离开时会表现得心烦意乱，母亲返回时会高兴。

（2017年上半年）2.初入园的幼儿常常有哭闹、不安等情况，说明这些幼儿表现出了（　　）。

A.回避型依恋　B.抗拒性格　　C.分离焦虑　　D.黏液质性格

C【**解析**】分离焦虑是指当孩子离开熟悉的人或环境时，会产生强烈的焦虑、不安或不愉快的情绪反应。题干中初入园的幼儿表现出的哭闹、不安的情绪即是分离焦虑的典型表现。

二、学前儿童的同伴关系

在儿童世界中，儿童与同伴交往，形成了同伴关系，儿童所处的地位是共存的、平等的、互惠的，他们的关系建立在自主、协商、合作的基础上。

（一）同伴关系的功能

1.同伴关系促进幼儿社会技能的发展

社会技能是交往的产物，在与同伴交往的过程中，幼儿逐渐认识到自己的特征以及自己在同伴心中的形象和地位，学会与其他人共同参加活动，学会如何与他人建立良好的关系，学会如何对待竞争和合作，如何保持友谊和解决冲突，学会如何坚持自己的主张和放弃自己的意见。

2. 同伴关系满足幼儿的情感归属需要

研究人员发现，幼儿在与同伴交往时，常常表现出愉快、兴奋和无拘无束的样子，能够轻松自主地投入各种活动中。幼儿在与同伴交往时，被同伴接纳，受到同伴的赞许与尊重，可以使幼儿产生一种心理上的成就感，满足幼儿的社交需要，从而使幼儿获得社会性的支持，产生一种归属感。

3. 同伴关系对幼儿自我概念的发展具有独特影响

同伴既可以提供给幼儿有关自我的信息，又可以作为幼儿比较的对象。同伴关系对于个体自我意识的发展具有非常重要的作用。

（二）同伴关系发展的阶段

1. 2. 5岁前同伴交往的发展阶段

（1）物体中心阶段。

这时儿童之间虽然有相互作用，但大部分是指向玩具或物体，而不是指向其他儿童。

（2）简单相互作用阶段。

这时儿童对同伴的行为能做出反应，并常常试图支配其他儿童的行为。

（3）互补的相互作用阶段。

此阶段的儿童出现了一些更复杂的社会性互动行为，对他人行为的模仿更为常见，出现了互动的或互补的角色关系。

2. 2.5~6岁同伴交往的发展阶段

（1）3岁左右的非社会性游戏。2.5~3岁的幼儿大多单独游戏或平行游戏，或站在一旁观看。

（2）4岁左右的联系性游戏。4岁的幼儿一直从事平行游戏，但与3岁幼儿相比，在相互作用和从事合作游戏方面表现得更多一点。

（3）5岁左右的合作性游戏。5岁左右，幼儿的合作游戏开始出现，同伴交往的主动性和协调性逐渐发展。女孩在游戏中的交往水平高于男孩，主要表现为女孩的合作游戏明显多于男孩，而男孩对同伴的消极反应明显多于女孩。

（三）影响同伴交往的因素

1. 早期亲子交往的经验

不少心理学研究指出，婴儿最初的同伴交往行为，几乎都是来自于更早些时候与父母的交往。早期亲子交往的状况会影响幼儿自身的安全感、对同伴的信任感、与人交往的方式、表达情感的方式等。

2. 活动材料和活动性质

活动材料，特别是玩具，是幼儿同伴交往的一个不可忽视的影响要素，尤其是婴儿期到幼儿初期，幼儿之间的交往大多围绕玩具发生。活动性质对同伴交往的影响主要体现在在自由游戏的情境下，不同社交类型的幼儿表现出交往行为上的巨大差异。

3. 幼儿自身特征

幼儿的身心特征不仅制约着同伴对他们的态度和接纳程度，而且决定着他们在交往中的行为方式。首先，性别、长相、年龄等生理因素和姓名影响着幼儿被同伴选择和接纳的程度。其次，幼儿的气质、情感、能力、性格等个性、情感特征影响着他们对同伴的态度和交往中的行为特征。

三、学前儿童的师幼关系

师幼关系是幼儿进入托幼教育机构之后，在教育教学和与老师交往过程中形成的一种比较稳定的人际关系，与亲子关系和同伴关系相比，它的独特之处在于其是一种具有明显的目的性和计划性的教育教学关系。

（一）师幼关系的特点

1. 游戏性

幼儿早期的身心发展水平决定了托幼教育机构的教育活动以游戏为主，教育目标和内容的实现大多以带有游戏性的教育活动为载体，这明显区别于学校教育阶段的上课形式，因而早期的师幼关系更强调幼儿和教师在活动中获得的游戏性体验。

2. 稳定性和亲密性

托幼教育机构中的教师与幼儿之间关系的建立，贯穿于一天生活的每个时间段、每个活动中、每个场景里，教师既是幼儿心灵的教育者，也是幼儿生活的照顾者，远比中小学教师与学生的接触更长久、更广泛、更全面，因而与幼儿建立的人际关系也更稳定和亲密。

3. 内隐的长久性和外显的单向性

托幼教育机构中的幼儿在顺利进入下一阶段的学习生活之后，因身心发展迅速，常会出现不能再清晰记忆早年的师幼关系，对以前教师的感情迅速转变、不再依恋等现象，常造成托幼教育机构教师单方面的情感回味等现象。

（二）师幼关系对幼儿发展的影响

1. 影响幼儿入园适应性

融洽、密切的师幼关系会使幼儿感到安全和温暖，体验家庭和父母怀抱以外的新的快乐感，从而喜欢幼儿园生活，身体生长发育良好，饮食睡眠良好，认知活动开展正常，具有强烈的学习动机，参与游戏的兴趣高涨，对自己的能力比较自信。一般来说，和谐的师幼关系给幼儿带来的是支持、帮助和安全感，不和谐的师幼关系给幼儿带来的是压力、冲突和紧张感。

2. 影响幼儿亲子关系和同伴关系

根据吴放、邹泓等人的研究，师幼关系和同伴关系之间存在很大的相关性，处于良好师幼关系中的幼儿对同伴更友善，更容易为同伴所接纳。已有研究表明，幼儿与幼儿园教师的关系对幼儿发展有着更为重要的意义，其重要性远远超过了儿童以后建立的师生关系。

3. 影响幼儿社会性发展

幼儿早期对教师权威的高度迷信，决定了他们更易受到教师期望、评价与表扬，甚至情绪、态度的影响。通过教师的直接引导，幼儿能够获取社会知识，学习一定的社会行为规范和价值标准；通过教师的示范以及幼儿的观察学习，幼儿能习得分享、合作、同情、谦让等亲社会行为，并且能够无意识地把教师的某些社会行为纳入自己的经验体系之中。

（三）新型师幼关系的建立

（1）建立新型师幼关系，需要教师打破长期固有的“师道尊严”“严师出高徒”等传统思想，与幼儿建立平等、民主、尊重和信任的关系。

（2）建立新型师幼关系，就要在师幼交往中，转变不利于幼儿身心发展的交往模式，平等、公正地对待每一个幼儿，包容幼儿成长中的错误行为，耐心等待他按照自己的时间表成长。

（3）建立新型师幼关系，是以师爱与互动为基础的，具体表现为关心、爱护、尊重、理解、沟通，营造民主和谐、宽松愉快的氛围。这种新型师幼关系的建立，不仅使幼儿更愿意接受教育，同时也是幼儿心理健康发展的要求。

四、学前儿童的社会行为

社会行为是指人们在交往活动中对他人或某一件事表现出来的态度、言语和行为反应。它在交往中产生，并指向交往中的另一方。在幼儿成长的过程中，会产生许多社会行为，心理学着重研究两类社会行为：亲社会行为和攻击行为。它们是学前儿童社会行为研究的重要问题。

（一）儿童的亲社会行为

亲社会行为通常是指对他人有益或对社会有积极影响的行为，包括分享、合作、助人、安慰、捐赠等。它是一种个体帮助或打算帮助其他个体或群体的行为倾向。

亲社会行为的特点

(1)亲社会行为主要指向同伴,极少指向教师。

王美芳、庞国维研究表明,幼儿的亲社会行为中有88.7%是指向同伴,指向教师的仅为6.5%,主要原因是亲社会行为多发生在自由活动时间。在幼儿与教师的交往中,幼儿一般是处于接受教育的地位,更多表现出遵从行为,而较少有机会做出亲社会行为,因此指向教师的亲社会行为较少。

(2)亲社会行为发展不存在性别差异。

研究发现,幼儿的亲社会行为并没有性别差异。王美芳、庞国维的研究表明,小、中、大班幼儿的亲社会行为均不存在性别差异。

(3)亲社会行为指向同性伙伴和异性伙伴的次数存在年龄差异。

在幼儿园小班,幼儿的亲社会行为指向同性、异性伙伴的次数比较接近,这是由于小班幼儿的性别角色、认知水平处于同一阶段,他们并不严格根据性别来选择交往对象。而中、大班幼儿的亲社会行为指向同性伙伴的次数不断增多,指向异性伙伴的次数不断减少。这是由于从中班起,幼儿的性别角色认知已经相当稳定,他们开始更多选择相同性别的幼儿作为交往对象。

(4)在亲社会行为中,合作行为最为常见。

在幼儿的亲社会行为中,合作行为的发生频率最高。合作是一种基本的社会互动形式,多数研究指出,在幼儿出生后的第二年,合作行为开始发生并迅速发展,并随年龄增长而不断增加。

【真题链接】

(2012年下半年)幼儿道德发展的核心问题是(　　)。

A.亲子关系的发展　　B.同伴关系的发展

C.性别角色的发展　　D.亲社会行为的发展

D**【解析】**亲社会行为的发展状况是个体社会性发展成败的最重要的指标之一。儿童亲社会行为的发展与他们的道德发展密不可分。

(二)儿童的攻击行为

攻击行为是指他人不愿意接受的,出于故意或工具性目的的伤害行为。儿童的攻击行为有两种表现形式:一种是工具性侵犯,即儿童渴望得到一种物体、权利或空间,并且努力去得到它,他们推、喊或者攻击挡路的人;另一种是敌意性侵犯，它意味着伤害另一个人，如打、踢或威胁别人去痛打一个伙伴。

攻击性行为的特点

(1)攻击性行为表现以身体动作为主。

观察发现，儿童的攻击行为表现以推、拉、踢、咬、抓等身体动作为主。

(2)攻击行为存在明显的性别差异。

男孩比女孩更容易进行公开性的攻击，这种趋势出现在许多社会文化中。有研究认为，2岁的儿童开始意识到性别刻板印象，期望男性和女性在行为上不同，女孩的攻击行为就大大减少了，而男孩的攻击行为则下降不多。

(3)中班儿童的攻击行为明显多于小班和大班。

研究发现，4岁前儿童攻击行为的数量随年龄增长，呈逐渐增多的趋势。中班儿童攻击行为最多，但此后随着年龄的增长，其攻击行为的数量逐渐减少。

(4)攻击行为以工具性攻击行为为主。

观察发现，幼儿期以工具性攻击行为为主，儿童常常为了玩具、活动材料或活动空间而争吵、打架，但是随着年龄的增长，他们也会表现出敌意性的攻击行为。

(三)社会行为的培养和训练

1. 移情训练

移情是对他人情绪情感状态的识别和接受。具有移情能力的儿童不仅能察觉出他人的情感，而且能设身处地地为他人着想，产生与他人相同的心情。

2. 交往技能和行为训练

交往技能是指采用恰当方式解决交往中所遇到的问题的策略和技巧。交往技能的训练首先要使孩子学会正确识别交往中存在问题的原因和特点，如“为什么他不让我和他一起玩?”技能训练应该使孩子认识到，解决某个问题可以采用多种方式，而我们要选择其中最合适、最好的。行为练习最好在日常生活中进行。

3. 善用精神奖励

所谓精神奖励，是指通过对幼儿的口头表扬、言语肯定、鼓励或评选好孩子等，在集体中创造一种温暖的气氛，即集体中的每个人都应该想到别人，关心、爱护、帮助别人，与别人分享、合作，谁做到了谁就受欢迎。通过集体来强化、巩固儿童的亲社会行为倾向。

【本章小结】

儿童的个性发展是先天遗传因素与后天环境因素共同作用的结果。作为孩子第一任教师的家长对儿童发展具有重要的影响，应当给儿童树立良好的榜样，同时创设有利于儿童个性发展的环境，多方面合作，共同促进儿童良好个性的形成。

社会性发展是儿童作为人类社会群体中的一员在成长发展过程中必然面临和必须解决的重大课题，是在儿童同外界环境相互作用的过程中逐渐实现的。

儿童社会性的发展涉及多方面，其中人际关系的发展是其核心主线。

儿童早期与父母建立的亲子依恋，直接并深刻影响着儿童以后人际关系的建立。

同伴在儿童社会性发展中有着成人无法取代的独特作用，积极的同伴关系有助于其社会技能、情感归属以及自我概念的发展。

师幼关系是教师与幼儿在保教过程中形成的比较稳定的人际关系，在幼儿园的人际交往中处于核心地位，起主导作用。儿童社会化的核心内容就是使儿童成为一个有道德的人，能遵守社会规定的道德规范和行为准则的人。

【考点扫描】

年份	2017年上	2016年下	2016年上	2015年下	2015年上
分值					
知识点分布		材①	简①		选②
年份	2014年下	2014年上	2013年下	2013年上	2012年下
分值					
知识点分布	选①材②	选①	选②材①	选①简①	选①
备注	“选”代表单项选择题，“简”代表简答题，“论”代表论述题，“材”代表材料分析题，带圈符号代表该知识点出现的频率。				

【模拟练习】

一、单项选择

1.儿童身心发展存在高速发展期，某一时期某一方面的发展特别迅速而在其他阶段相对平稳。这一现象体现了儿童身心发展的哪一特征？(　　)

A.顺序性　　B.阶段性　　C.个别差异性　　D.不平衡性

2.小星判断道德问题时，不仅能依据规则，而且能处于同情和关心做出判断。根据皮亚杰道德认知发展理论，小星的道德认知发展处于(　　)。

A.自我中心阶段　　B.权威阶段

C.可逆阶段　　D.公正阶段

3.班杜拉的社会认知理论认为(　　)。

A.儿童通过观察和模仿身边人的行为学会分享

B.操作性条件反射是儿童学会分享的重要学习形式

C.儿童能够学会分享是因为儿童天性本善

D.儿童学会分享是因为成人采取了有效的惩罚措施

二、简答题

4.为什么不能把《3~6岁儿童学习与发展指南》(简称《指南》)作为一把“尺子”衡量所有的幼儿?请说明理由。

第 8 章

学前儿童的个体差异

在一所幼儿园中，有一位孩子在学习上的表现有些特殊，他在学习上同其他学生的差异主要表现在：上课认真听讲，但是不能理解教师教授的内容；教师教学活动后不能跟上教学步骤完成教师留下的当堂作业等。对于这种情况，我们该如何正确看待，分析其背后的本质呢？对于这样的孩子，我们该怎样帮助他解决问题呢？这一章，我们就来了解幼儿发展中存在的个体差异，了解个体差异形成的原因，运用相关知识分析教育中的有关问题，并能够在教育活动中应用。

【学习目标】

知识目标：

1.了解儿童个体发展中存在的差异类型；

2.了解导致儿童发展呈现个体差异的原因。

技能目标：

1.掌握辨别儿童个体差异的能力；

2.掌握针对儿童个体发展差异的适宜性教学方法。

【学习重难点】

重点：

1.理解个体差异的定义；

2.了解形成差异的原因；

3.掌握针对个体差异的适宜性教学方法。

难点：

1.学会从不同角度分析儿童存在的个体差异性；

2.理解导致个体差异的各种原因之间的关系；

3.比较学习不同教学方法的特点，学会选择适宜的教学方法。

【知识结构图】

- 学前儿童的个体差异
  - 学前儿童个体差异的类型
    - 个体差异的界定
    - 学前儿童个体差异类型
  - 个体差异形成原因
    - 生物因素
    - 环境因素
  - 针对个体差异的适宜性教学
    - 适家性教学的界定
    - 适宜性教学的主要方式

第一节
学前儿童个体差异的类型

一、个体差异的界定

个体差异是指个体在成长过程中由于遗传与环境的交互作用，个体在身心特征上所显示出来的差异。

个体差异表现为智力差异、性格差异、气质差异和性别差异等。幼儿的发展存在显著的个体差异，在德育、智育、美育等方面有明显差异。幼儿年龄越小，个体差异就越明显。

作为幼儿教师，应当尊重幼儿的个体差异，引导幼儿健康成长，有针对性地培养幼儿的各项能力，促进其健康成长、全面发展。

二、学前儿童个体差异的类型

（一）按气质类型划分

1. 气质是什么

气质就是我们通常所说的"脾气""秉性"，是与生俱来的、典型而稳定的个性心理特征，是儿童自身具有的、影响品德发展的重要内部因素。

2. 主要的气质学说

（1）体液学说。

根据希波克拉底的体液学说，可以将人的气质类型分成四种：多血质、胆汁质、黏液质、抑郁质。多血质机敏而多变，胆汁质率直而暴躁，黏液质沉稳而迟缓，抑郁质坚韧而执拗。

(2)高级神经活动学说。

巴甫洛夫认为有四种典型的高级神经活动类型，即活泼型、安静型、兴奋型、抑制型，分别与希波克拉底的四种气质类型相对应，四种气质类型即四种典型的高级神经活动类型的行为表现。除这四种典型的类型外，还有许多中间类型。

将两类学说中的气质类型进行对比，如表8-1：

表8-1 体液学说与高级神经活动学说中气质类型对比

气质类型	神经系统的基本特点	高级神经活动类型
多血质	强、平衡、灵活	活泼型
胆汁质	强、不平衡	兴奋型
黏液质	强、平衡、不灵活	安静型
抑郁质	弱	抑制型

(二)按认知发展划分

1. 认知发展理论

瑞士心理学家皮亚杰认为，儿童认知是通过主体和外部世界连续不断地相互作用而得到发展的。儿童通过动作对客体的适应，是儿童认知发展的真正原因。适应的本质在于儿童通过同化与顺应而取得机体与环境的平衡。成熟、物理环境、社会环境和平衡是支配儿童认知发展的四个因素。

皮亚杰把儿童认知发展划分为四个主要阶段：

感知运动阶段(0~2岁)，这时只有动作活动，并开始协调感觉、知觉和动作间的活动，是智慧的萌芽时期；

前运算阶段(2~7岁)，具有表象思维能力，但缺乏可逆性；

具体运算阶段(7~11岁)，出现了逻辑思维和零散的可逆运算，但一般只能对具体事物或形象进行运算；

形式运算阶段(11~12岁)，能在头脑中把形式和内容分开，使思维超出所感知的具体事物或形象，进行抽象的逻辑思维和命题运算。

由于儿童发展的速度有快有慢，发展水平跨度大，不同儿童的认知发展就呈现出个体差异。

2. 幼儿认知风格存在差异

幼儿认知风格的差异表现在场独立型和场依存型、冲动型和沉思型上的差异。幼儿对外界信息评价依赖自己内部做参照，是场独立型认知风格；幼儿以外部环境为参照做评价，是场依存型认知风格。幼儿认知反应快，准确性差，急于表达观点，是冲动型的认知风格；幼儿认知反应慢，准确性高，是沉思型认知风格。

【真题链接】

（2016年下半年）教师要依据幼儿的个体差异进行教育，下列现象，不属于幼儿个体差异表现的是（　　）。

A.某幼儿往常吃饭很慢，今天为了得到老师的表扬，吃得很快

B.有的幼儿吃饭快，有的幼儿吃饭慢

C.某幼儿动手能力能力很强，但语言能力弱于同龄幼儿

D.通常男孩比女孩表现出更多的身体攻击性行为

B【解析】个别差异一般指个性差异，即个体在稳定的心理特点上的差异。幼儿个别差异指幼儿在幼儿园学习与教学情景下，在性别、智力、认知方式及性格等方面的差别。A没有和其他小朋友比较，只是和自己的比较。C属于能力类型的差异。D属于性别差异。

第二节
个体差异形成原因

儿童个体差异形成的原因复杂多样，总体上可以概括为生物因素和环境因素。这些因素都对儿童的身心发展有着重要的影响，是我们进行针对性教学必须考虑到的。

一、生物因素

（一）遗传

遗传，是指祖先的生物特征对后裔的传递。遗传是影响儿童后天发展的重要因素。其载体是细胞核染色体的基因。它对儿童后天发展的具体作用主要体现在两个方面：一是奠定儿童心理发展个体差异的最初生理基础。人类个体差异是由遗传所导致的，遗传是人类个体赖以区别的根本原因。二是提供人类后天发展的最初前提。人类遗传缺陷会造成发育不全，使儿童形成生长障碍。特别需要指出的是，遗传素质不仅影响儿童的一般能力和特殊能力的发展，在一定程度上也影响儿童各种个性特征的形成。

遗传因素为人的发展创造了必要的生物前提。遗传因素对于儿童身体发育、心理发育、智力发育等多方面能力发展都具有一定影响。

（二）胎内环境

胎内环境指，胎儿在子宫内所处的环境，包括母亲的生理和心理状态。胎内环境对胎儿正常的发育成熟有着极为重要的作用。影响胎儿发展的主要因素有：

1. 营养

胎儿的营养直接来自母体血液，母亲营养充足与否，影响胎儿的正常发育。

2. 疾病

妊娠期母体得病会使胎儿受到感染。母亲患风疹、流感、麻疹等疾病，可能造成胎儿智力低下、视听缺陷等多种疾病。母亲患内分泌疾病时，会给胎儿造成身心发展上的缺陷。

3. 药物

妊娠期间母亲服药不当，则有可能影响胎儿正常发育。妊娠期服用反应停、阿司匹林等类药物，可能导致胎儿积水、无脑畸形、心脏病、视听及肢体的缺陷。

4. 辐射

妊娠初期受到辐射，可能会引起基因突变，造成染色体破坏，致使胎儿产生畸形小头、唐氏综合征、视听及生殖器官畸形等病症。此外，妊娠期母亲的情绪状态、母子血液不相容、母亲吸烟饮酒等也会影响胎儿的正常发育。

二、环境因素

（一）家庭

1. 父母教养方式

父母教养方式是指父母在教育抚养子女的日常活动中表现出的一种行为倾向，是父母教育观念和教育行为的综合体现，它直接作用于亲子互动过程。孩子在家庭中受最初及最长时间的教育和影响，父母作为孩子的启蒙老师，父母的教养理念、言行举止对孩子成长过程中的认知能力、判断能力、人格形成等方面都有着重要的影响。如重视儿童语言发育的父母，会加强对儿童的语言教育，如识字、读诗等等，这一类儿童在语言上发展水平就会高于未受过此类教育的儿童。

2. 父母关系

父母关系是否和谐，对于儿童性格的形成会产生重要影响，还会对他们的身心健康产生影响。如单亲家庭、隐性离婚家庭中，父母关系不正常在一定程度上会对子女的身心发展水平产生不良影响。

3. 亲子关系

早期亲子关系的社会化在很大程度上决定着幼儿发展的个体差异。亲子关系是个体出生后建立的第一个重要的人际关系，对个体的发展具有重要的影响。良好的亲子关系有利于儿童习得各种基本知识、技能、价值观以及与人交流和沟通所必需的社会交往技能。亲子关系的质量决定儿童认知和情绪情感的发展，决定儿童社会化过程是否顺利、是否发生障碍或缺陷，也决定着儿童社会化所可能达到的水平。

4. 家庭经济状况

家庭经济情况，对于儿童身体发育会产生影响。营养不良或营养过剩都不利于儿童身体正常发育。

（二）幼儿园

在园内，儿童与玩伴的关系、玩伴的性格以及老师的性格、教学方式、保育能力等，都会影响儿童身心发展。

（三）社会

除了家庭、幼儿园外的社区生活，大众媒体等多方面外部条件，对于儿童的个体发展都会产生不同程度的影响。如社区生活的自然环境和社会环境，电视、网络上的动画片、游戏等等，都会对儿童产生潜移默化的影响。

【真题链接】

（2017年上半年）1.生活在不同环境中的同卵双胞胎的智商测试分数很接近，这说明（　　）。

A.遗传和后天环境对儿童的影响是平行的

B.后天环境对智商的影响较大

C.遗传对智商的影响较大

D.遗传和后天环境对智商的影响相当

C【解析】遗传提供发展人类心理发展的最基本的自然物质前提，题干中的双胞胎虽然生活的环境不一样，但是智商测试分数很接近，说明遗传对智商的影响较大。

（2015年上半年）2.为什么不能把《3~6岁儿童学习与发展指南》作为一把“尺子”衡量所有的幼儿？请说明理由。

【答案要点】因为《3~6岁儿童学习与发展指南》中强调，在实施过程中需要把握以下几个方面：

（1）尊重幼儿发展的个体差异。

（2）幼儿的发展是一个持续、渐进的过程，同时也表现出一定的阶段性特征。

（3）每个幼儿在沿着相似进程发展的过程中，各自的发展速度和达到某一水平的时间不完全相同。

（4）要充分理解和尊重幼儿发展进程中的个别差异，支持和引导他们从原有水平向更高水平发展，按照自身的速度和方式到达《3~6岁儿童学习与发展指南》所呈现的发展“阶梯”，切忌用一把“尺子”衡量所有幼儿。

第三节
针对个体差异的适宜性教学

一、适宜性教学的界定

适宜性教学，最早源于美国加涅的《教学设计原理》："适应性教学这一术语通常指恒定地监控着学生的进步，并根据学生的进步情况变换教学内容的材料和管理系统。"

二、适宜性教学的主要方式

（一）资源利用模式

资源利用模式是指在教学过程中充分利用幼儿的长处和优点，以求人尽其才。在传统的大班教学下，很难使每一幼儿都能各尽所长。因此，教师要多开展区角活动，发展幼儿的优势领域。

（二）治疗模式

治疗模式是指针对幼儿某一方面的能力缺陷，给予幼儿针对性的教育。如，补偿教育就是一种治疗教学模式。补偿教育是指针对在经济上处于不利地位，没有机会享受正规教育，丧失教育权利的儿童进行的教育。所以，补偿教育是通过向这些处于不利地位的儿童提供特殊教育计划，弥补他们在认知、语言、阅读、情感及社会性等方面的不足，从而达到治疗效果的一种教育模式。

（三）补偿模式

补偿模式通常是指幼儿如果在某一方面有欠缺，可以改由另一方面的强项去补偿。教师可以采用适宜性教学模式为幼儿提供有效的学习情境材料，激发幼儿学习潜能。

（四）个别化教育方案模式

个别化教育方案最先用于特殊儿童的干预和矫正，由于对幼儿个体差异与发展的关注，它逐渐在幼儿教育领域中得到应用，即为每个幼儿的发展提供个别化、适宜的教育方案。

个别化教学的特色在于它是一种“评价——教学”的过程，即先了解、鉴定每一个儿童的学习情况与特殊需要，然后为其提供适当而且必需的教学。个别化教学的策略包括：

第一，通过调整儿童的学习速度适应其需求，为不同的学生设计、提供不同程度的多元化教材；

第二，适当调整教师的角色，减少教师的权威色彩，以温馨、尊重、包容的态度面对儿童；

第三，采用档案袋评价法，为每个幼儿设立相应的学习档案袋，根据其不同的学习特点进行个别化教育。

在个别化教育方案中最常用的是档案袋评价法。

（五）性向与教学处理交互作用模式

性向与教学处理又称教学相适的理论，由克隆巴赫提出。教学应配合儿童的性向，教师对不同性向的儿童，应提供不同的教育措施，以发挥最大的教学效果。

可见，没有任何一种教学方法适合所有的幼儿，不要轻易放弃任何一个幼儿，教师应当采用适宜的教学方法。

【本章小结】

世界上没有两片完全相同的叶子。掌握儿童发展个体差异的相关知识对于幼儿教师进行有效教学具有重要意义。本章我们明确了个体差异、气质、遗传、父母教养方式、适宜性学习等关键概念。学习了个体差异类型，分别从气质、认知等方面来论述。其中，在气质和智力方面，希波克拉底的体液学说将人的气质类型分为：多血质、胆汁质、黏液质、抑郁质，对应着儿童不同的外在表现形式。

儿童的成长是浸润于一个庞大复杂的系统之中的，在这个系统中，有着各种各样的因素影响着每一个儿童的发展水平。我们从生物、环境两个方面分析产生个体差异的原因：遗传因素和胎内环境对于儿童后天发展有着非常重要的影响。后天的环境因素中家庭、幼儿园、社会三个方面的差异性，导致儿童个体发展存在着差异。

厘清概念、找到原因，方可对症下药。对于儿童发展的差异性，可以采用五种适宜性教学方式：资源利用模式、治疗模式、补偿模式、个别化教育方案模式、性向与教学处理交互作用模式。

【考点扫描】

年份	2017年上	2016年下	2016年上	2015年下	2015年上
分值					
知识点分布	选①，简①	选①	简①		简①
年份	2014年下	2014年上	2013年下	2013年上	2012年下
分值					
知识点分布	简①	简①			
备注	“选”代表单项选择题，“简”代表简答题，“论”代表论述题，“材”代表材料分析题，带圈符号代表该知识点出现的频率。				

【模拟练习】

一、单项选择题

1.“失之东隅，收之桑榆”是用来说明适宜性教学的(　　)模式。

A.资源利用模式　　B.治疗模式

C.补偿模式　　D.个别化教育方案

2.以下不属于幼儿智力差异的表现是(　　)。

A.智力发展水平差异　　B.智力性别差异

C.智力类型差异　　D.智力表现早晚差异

3.“聪明早慧”“大器晚成”是幼儿(　　)智力差异的表现。

A.智力发展水平差异　　B.智力发展早晚差异

C.智力类型差异　　D.智力发展速度差异

4.下列因素不属于个体差异形成的客观外界因素是(　　)。

A.遗传潜能　　B.后天环境　　C.家庭环境　　D.兴趣爱好

二、简答题

5.请简述适宜性教学法的主要模式。

推荐阅读

卢乐山,林崇德,王德胜.中国学前教育百科全书[M].沈阳:沈阳出版社,1995.

第 9 章

学前儿童心理研究方法

一个5岁儿童做了这么一道计算题：15−8=13。我们都知道这是错误的，仅从字面上，无法知道这是怎样做出来的，我们需要通过什么样的学前儿童心理研究方法，才能更好地了解其思维过程？对于年龄较小、缺乏书面语言表达能力的调查对象，此时谈话法具有独特的优越性。

本章将要讨论研究幼儿心理的基本方法，掌握观察汉、谈话法、作品分析法、实验法等基本研究方法，并能据此初步了解幼儿的发展状况和教育需求。

【学习目标】

知识目标：

掌握观察法、谈话法、作品分析法、实验法四种学前儿童心理研究方法的概念、分类、程序、优缺点。

技能目标：

学会将学前儿童心理研究方法运用到幼儿园一日活动中。

情感态度目标：

愿意并乐于运用观察法、谈话法、作品分析法、实验法四种研究方法分析学前儿童。

【学习重难点】

1.学习重点：观察法、谈话法、作品分析法、实验法四种学前儿童心理研究方法的分类。

2.学习难点：如何结合具体案例深刻理解观察法、谈话法、作品分析法、实验法四种学前儿童心理研究方法的程序。

【知识结构图】

- 学前儿童心理研究方法
  - 观察法
    - 概念
    - 分类
    - 程序
    - 优缺点
  - 谈话法
    - 概念
    - 分类
    - 程序
    - 优缺点
  - 作品分析法
    - 概念
    - 程序
    - 优缺点
  - 实验法
    - 概念
    - 分类
    - 程序
    - 优缺点

第一节
观察法

假设，某玩具生产商要对学龄前儿童偏好哪些玩具进行调查。运用观察法，针对学龄前儿童的特点，调查人员设计出对应一组儿童与某些玩具的观察方案。在观察这一组儿童玩玩具的过程中，记录下每个孩子的行为：例如孩子对某一玩具是否特别感兴趣？这个孩子玩这一玩具的时间有多长？其他的孩子对这一玩具也同样感兴趣吗？通过观察和记录，将获得学龄前儿童对某些玩具偏好的第一手资料。

一、观察法的概念

观察法是指通过感官或借助一定的仪器设备，有目的、有计划地对自然状态下发生的现象或行为进行系统的、连续的观察、记录、分析，从而获取事实材料的研究方法。观察法是幼教科研最基本的方法。观察内容包括幼儿的言语、表情和行为，分析儿童心理发展的规律和特征。

在儿童心理发展研究中，研究者一般是在自然情境下，即在对观察对象不加控制和干预的状态下进行观察和记录，这即为自然观察。相应，在人为控制和干预的条件下进行观察和记录，则为实验观察。本节主要从自然观察角度来讨论观察法。

《幼儿园教育指导纲要（试行）》指出了平时观察所获得的具有典型意义的幼儿行为表现和积累的各种作品是评价的重要依据。因此，教师观察对了解幼儿、尊重幼儿和促进幼儿发展起重要的促进作用。

早期有关儿童心理发展的研究大多采用观察法，可以说观察法是学前儿童心理发展研究最基本的方法。

二、观察法的分类

根据不同的标准，可以将观察法分为不同的类型。

（一）长期观察与定期观察

根据观察的时间进行分类，可分为长期观察与定期观察。长期观察是指研究者在很长的时间内连续进行系统观察，积累资料，并进行整理和分析，从而获取感性材料的方法；定期观察是指按一定时间间隔持续观察，到一定阶段进行总结，获得感性材料的方法。

（二）参与性观察和非参与性观察

根据观察者是否参与，观察对象的活动可分为参与性观察和非参与性观察。参与性观察是参与到观察对象的活动之中进行观察的方法；非参与性观察是不介入观察对象的活动，观察者作为一个旁观者置身于他所观察的情境之外。

在参与性观察中，观察者和儿童一起生活、游戏，在密切的相互接触和直接体验中倾听和观看儿童的言行。这种观察的情境比较自然，观察者不仅能够得到儿童行为表现的比较具体的感性认识，而且可以深入了解儿童对自己行为意义的解释。

与参与性观察不同的是，非参与性观察不要求研究者直接参与儿童的日常活动。观察者通常作为旁观者观察事情的发展。如我们在幼儿园一角观察某儿童与其他小朋友交往的情况，就是非参与性观察。在条件允许的情况下，观察者可以使用录像机对现场进行录像。非参与性观察的长处是研究者可以有一定的距离对儿童进行比较客观的观察，操作起来也比较容易。

（三）全面观察和重点观察

按观察范围进行分类，分为全面观察与重点观察。全面观察是把观察对象当作一个整体，对其构成的要素、结构功能及发展过程中的各种现象进行系统全面的观察和记录；重点观察是研究者只观察记录某一种心理现象。

（四）群体观察和个体观察

根据观察的规模分类，分为群体观察和个体观察。群体观察是记录这一群体发生的各种活动。个体观察又称为个案法，是针对某一个体做专门观察的方法，是一种最简单、最直接的心理研究方法。个案法具有启发性，适合做特殊个体（天才儿童、精神病患者）的研究。

(五)结构型观察和无结构型观察

观察法按照观察本身的形式,可分成结构型观察和无结构型观察。在结构型观察中,研究者事先设计了统一的观察对象和记录标准,对所有的观察对象都使用同样的观察方式和记录规格。无结构型观察是一种开放式的观察活动,允许观察者根据当时当地的具体情境调整自己的观察内容。观察者可事先设计一个观察提纲,但这个提纲的形式比较开放,内容也比较灵活,可以根据当时当地的情形进行修改。

【拓展阅读】

结构性观察举例

在皮亚杰有一个研究首先让孩子解决一个问题,然后让他解决此问题的许多变形,从而测量其理解能力的极限。观察者让孩子们透彻理解问题的特性,然后问一些问题从而探明儿童推理的过程。这些结构性观察提供了大量有关儿童认知的信息,是皮亚杰"智力发展阶段理论"建立的基础。

(六)直接观察和间接观察

根据观察者与观察对象的接触方式分类,观察法可以分成直接观察和间接观察。直接观察是指对那些正在发生的现象进行观察,研究者亲眼看到和听到所发生的事情。间接观察指通过对物化了的现象进行查看,以此来进行研究。

(七)叙述观察、取样观察和评定观察

根据观察内容是否连续完整以及观察记录方式的不同,观察法可分为叙述观察、取样观察和评定观察。

叙述观察指详细观察和记录儿童连续、完整的心理活动事件和行为表现的一种观察方法。叙述观察的具体方法有日记描述法、轶事记录法、连续记录法和样本描述法等。

取样观察指依据一定的标准选取被观察对象的某些心理活动和行为表现进行观察或选择在特定的时间内进行观察记录的一种方法。它不像叙述观察那样遵循行为发生的顺序,而是按事先选定好的程序进行。因此,研究者在观察前要做大量准备工作,包括确定观察内容,安排观察时间等。

常见的取样观察有时间取样观察和事件取样观察。一般来说，取样观察提高了观察的针对性，省时省力，较适用于大样本观察，但资料不够完整、详细。

评定观察要求研究者在观察的基础上，对行为或事件做出判断。如对儿童发展状况进行评估，要求教师对幼儿在自然状态下在幼儿园的游戏、活动和日常生活中的行为进行观察，进而按照既定的指标评价其发展特点和水平。

评定观察法包括核对表法与等级评定法两种。评定观察法易于设计和运用，适用广泛，所需训练较少，但观察者的评价尺度不易掌握。

每种观察法的类型都有各自的基本特征、适应范围和条件，以及各自的优缺点。学前儿童心理发展研究中应用哪类观察则要根据实际情况做出选择。

【知识拓展】

观察代码系统运用

观察代码系统是研究者将行为或事件分为有意义的、可观察和处理的细小类别，将大的行为单位分成小的行为单位，并为观察、记录和随后分析处理的方便而制定出的一整套符号系统。第一步是将观察范畴设计成为可进行观察的具体项目，也就是给研究问题下操作定义；第二步是选取或设计代码符号进行标定。

三、观察法的程序（实施步骤）

（一）观察前的准备工作

1. 确定观察问题，制订观察计划

研究者在观察前，要明确观察的目标任务，制订明确严密的观察计划。计划应当包括观察活动的时间、对象、程序步骤、工具、表格、记录方法等准备工作。一个好的观察内容应具备两点：第一，能准确反映、体现或说明观察目的；第二，能够被观察到。

2. 选择观察方法

进行一项具体的观察研究，观察方法的合适与否十分重要。观察方法可分为描述记述类方法和取样观察法。描述记述类方法包括实况记录法、日记描述

法、轶事记录法；取样观察法包括事件取样法和时间取样法。

3. 确定观察记录方法

观察记录方式有两类：根据记录时间或频率的不同，分为频率记录、间隔记录、连续记录；根据记录形式手段的不同，可分为文字描述记录，表格、图式或符号记录，仪器记录等。

4. 选择观察记录工具

可选择纸笔记录或仪器设备记录。

5. 进行理论准备

查阅相关资料，以获得对观察问题的更多了解。

（二）进行预备观察

（1）训练观察人员，随着观察研究的水平及复杂程度的日益提高，对观察人员的要求也愈来愈高，特别是在某些特定的观察（如参与观察）中更是如此，训练观察人员可确保观察可信度。如有多个观察者观察同一情景，需预先进行训练，使所有观察者都能掌握观察方法，把握观察要点，并进行观察行为的操作性定义，确保观察可信度。

（2）避免减少一些可能干扰因素造成的误差现象。

（三）进行正式观察

1. 介入观察

观察者可选择以完全参与者、参与观察者、完全观察者的身份介入观察。

2. 实施观察

根据预先制订的观察计划、选择观察范围和记录范围进行观察记录。

3. 观察反思

反思自己的推论、疑惑与猜测，记录自己的情绪，如实记录客观事实。

四、观察法的优缺点

（一）优点

（1）简便易行，所获资料可靠程度较高，并且不影响观察对象的正常活动状态，操作简单，易于实施。

（2）可考察幼儿身心发展的各个方面，关注个体差异，对幼儿做出恰当判断和评价。

（3）可收集到非言语行为的数据和资料，便于对行为进行研究，特别适合于对学前儿童的研究。

（4）在自然状态下即时进行，生动、具体、直观，可获得第一手资料。相对来说，所得资料比较客观。

（5）可对观察对象做较长时间的跟踪研究，能获取行为现象发展变化趋势的有关资料。

（二）缺点

（1）观察的样本数小（样本容量小），观察所获得的材料不够系统和普遍，不易排除偶然因素影响等。

（2）需要大量的时间和精力，不适用做大样本研究，会影响研究结果的代表性。

（3）无法探究事物内部联系、事物内部核心问题等隐蔽问题。

（4）自然状态下的观察缺乏控制，无关变量混杂其中，允许改变观察对象的各种条件，对可能影响观察的外部因素难以控制，并且难以完全重复观察和检验观察结果。

（5）观察的主观性较强，受观察者认识能力的制约，往往只能得到表面的、感性的资料，难以深入事物的本质，难以确定因果关系。

（6）受时间、地点、人力、经费等条件限制，难以进行大规模的研究。

因此，在搜集教育评价信息时，观察法要与其他方法结合起来运用。需注意的是，上述分类是相对的，各种观察之间相互交叉、相互渗透、相互补充，单独运用某种观察法都有其局限性。因此，在实际观察时，应综合运用各种方法，才能获取最有价值的资料。

【真题链接】

（2017年上半年）简述教师观察幼儿行为的意义。

【答案要点】观察法是指研究者凭借自身的感官或借助于一定的科学仪器，有目的、有计划地对观察对象的自然活动状态进行系统、深入的观察，以获得评价对象客观资料的方法。观察内容包括幼儿的言语、表情和行为，分析儿童心理发展的规律和特征。

在幼儿教育中，教师应尊重幼儿发展水平、能力、经验、学习方式等方面的个体差异，因人施教。而理解幼儿兴趣发展水平需要教师细致耐心的观察，善于发现幼儿感兴趣的事物、游戏和偶发事件中隐含的教育价值。教师应成为幼儿学习活动的支持者、合作者、引导者。《幼儿园教育指导纲要（试行）》指出了平时观察所获得的具有典型意义的幼儿行为表现和积累的各种作品是评价的重要依据。因此，教师观察对了解幼儿、尊重幼儿和促进幼儿发展起着重要的促进作用。

第二节
谈话法

一、谈话法的概念

谈话法又称会话法，是研究者通过与研究对象的交谈来收集对方心理特征与行为的数据资料，并获得心理活动规律的研究方法。谈话法是研究者根据研究目的，“寻访”被调查对象，通过谈话的方式了解被研究者对某个人、某件事情、某种行为或现象的看法和态度。通常用于研究儿童的个性、探索其行为表现的根源，了解其家庭情况，家长对儿童的态度、教养方式等。

对于年龄较小、缺乏书面语言表达能力的调查对象，谈话法具有独特的优越性。比如一个5岁儿童做了这么一道计算题：15-8=13。仅从字面上，无法知道这是怎样做出来的，通过谈话，才能了解其思维过程。原来孩子认为“5比8小，没法减，用8减去5，再加上10，就得13。”

二、谈话法的分类

（一）根据研究者对谈话结构的控制程度，可以分成三种类型：结构型谈话、无结构型谈话和半结构型谈话

“结构”是指事先对问题及回答方式规定的程度。结构型谈话是一种有指导性的、正式的、事先决定了问题项目和反应可能性的谈话形式。

无结构型谈话是一种非指导性的、非正式的，自由提问和做出回答的谈话形式。

半结构型访谈，研究者对访谈的结构具有一定的控制作用，但同时也允许受访者积极参与。通常，研究者事先备有一个粗略的访谈提纲，根据自己的研究设计对受访者提出问题。但是，访谈提纲主要作为一种提示，访谈者在提问的同时

鼓励受访者提出自己的问题,并且根据访谈的具体情况对访谈的程序和内容进行灵活的调整。这是介于结构型访谈与无结构型访谈之间的一种折中方案,具有一定的灵活性。

如想调查5岁儿童对家庭信息的理解,研究者可能会列出这样的问题:“你家里有多少人?”“他们分别是谁?”“你能说出他们的名字吗?”“你家住在哪里?知道家里的电话号码吗?”研究者也可能会这样提问:“你能给我说说关于你家里的情况吗?”研究者也可以这样提问:“你家里有多少人,可以分别描述一下你对每一位家人的印象吗?”并根据儿童的回答给予一些反馈。很明显,在这里,第一个案例属于结构型谈话,第二个案例属于无结构型谈话,第三个案例属于半结构型谈话。

(二)根据谈话的对象多少,分为个别谈话和群(集)体谈话

根据对象的多少来划分,有个别谈话和群体谈话。个别谈话通常只有一名访谈者和一名受访者,两个人就研究的问题进行交谈;而集体谈话可以由一组人针对某一主题进行团体讨论,访谈者主要协调谈话的方向和节奏,参与者相互之间就有关的问题进行讨论。

个别谈话是一对一的谈话,不容易受外界干扰而能得出比较真实的回答,但是比较费时费力。群体谈话是一组人针对某一主题进行团体讨论,以表达意见,谈话者引导谈话主题与节奏,倾听收集谈话结果。

(三)根据谈话次数,分为一次性谈话和多次谈话

一次性谈话通常调查内容非常简单,以收集事实性信息为主。多次谈话用于追踪调查,深入探讨问题,可以有一定的结构设计,逐步由浅到深,由表层到深层,由事实信息到意义解释。

(四)根据研究者与谈话对象的接触方式,分为直接谈话和间接谈话

直接谈话是指研究者和谈话对象面对面进行交谈。间接谈话是指研究者通过电话、网络等工具与谈话对象进行交谈,不受地域限制,比较节省时间。但因缺乏面对面情感交流,容易影响材料的真实性。因而我们更强调采用直接谈话的方式收集资料。

三、谈话法的程序(实施步骤)

(1)谈话前的准备工作包括编制谈话提纲(开场白、问题、结束语的设计)、

安排谈话事宜(谈话对象选择、时间地点确定)和准备谈话工具(纸笔等),初步了解被调查者的情况。

(2)进入谈话现场,研究者要与谈话对象建立融洽的人际关系。

(3)进行正式谈话,包括提问、倾听、追问、回应和谈话记录等环节。提问、倾听、追问、回应在实际操作时是相互交融、密不可分的。如果我们希望成为一名成功的访谈者,不仅需要学习一些必需的访谈技术,而且需要在日常生活中培养自己理解他人、关心他人,与他人和睦相处的能力。另外,谈话内容要随时记录或录音,如无法及时记录,事后要及时回忆,并且要及时整理分析访谈记录。

(4)结束谈话。

四、谈话法的优缺点

(一)优点

(1)灵活性强,这是最大的优点。访谈者与受访者直接交流,有利于较全面地收集资料,并且可通过追问和引导获取新的、深层次的信息。

(2)使用面广,适用于很多问题,对成人、儿童都有效,特别是书写能力较差的人。

(3)能够比较有效地搜集人的态度、知觉、意见等方面的资料,还可以随时观察谈话过程中的行为表现,了解被谈话人的动机、个性和情绪等。

(4)访谈的方式简单易行,适用面较广,获得资料比较真实可靠,尤其适合学前儿童。

(二)缺点

(1)对谈话结果的处理和分析比较复杂,要求由专门的人员进行。

(2)谈话人的价值观、信念、倾向会影响被访者的反应,必须事先进行适当的谈话技术训练。

(3)谈话工作比较花时间和精力。

(4)对于敏感问题、隐秘问题,被谈话者一般不愿意当面回答,或不做真实回答。

(5)访谈结果的处理和分析较复杂,由于标准化程度低,难以做定量分析。

(6)访谈所获资料的有效性、科学性往往取决于访谈者的研究素质和访谈技能,容易受主观性影响。

第三节 作品分析法

一、作品分析法的概念

作品分析法是研究者运用一定的心理学、教育学原理和有效经验，对研究对象的作品进行分析研究，从而了解研究对象心理活动的一种方法。

对幼儿各种探究方法与能力的评价几乎都可以运用作品分析法，因此，作品分析法是幼儿教育科学研究中的一种基本方法，也是广大学前教育科学研究工作者经常使用的一种研究方法，但在实际运用过程中还存在诸多问题。

作品分析法是通过分析学前儿童的作品以了解其心理发展的方法。学前儿童的作品包括绘画、手工、口述日记、作业等。有一种较为成熟的幼儿作品分析法，即“绘人能力测验”。它既是测验法，也是作品分析法。“绘人能力测验”要求幼儿尽量详细地画一个人，然后根据所画的细节，按照已有的标准计分，再根据常模将得分转换成智力分数。

由于幼儿在创作活动过程中，往往会使用语言和表情去弥补作品所不能表达的思想，因此，脱离幼儿的创作活动过程去分析作品，可能得不到准确的结果，所以，运用作品分析法最好应与对活动过程的观察法和访谈法结合。

二、作品分析法的程序(实施步骤)

(一)明确研究目标与研究主题

在给幼儿布置主题之前，研究人员应首先根据课题研究的目标，明确本作品分析的具体研究目标，即通过作品分析想获得幼儿哪些方面的信息。在作品分析法中，具体研究目标的表述可以分为三个方面：知识的运用水平与特点，技能的熟练程度与特点，相关心理特征的表现与特点。具体研究目标确定后，再选择最佳实现目标的方法。作品分析的具体研究目标必须服务于课题研究目标。

（二）确定关键术语

确定好研究目标后，作品分析关键术语应从具体研究目标中剖析出来。其过程与其他的研究方法一样，可以以由总到分，层层深入的形式先确定一级指标，再确定二级、三级指标。题目形式设计最好为：研究主题+研究方法。

（三）作品抽样

作品抽样方法包括来源样本抽样、日期抽样和单元抽样三种方法。

（四）设计与开发简易的研究工具

自行设计的简易研究工具必须确定好分析难度和指标（量化的最小单位），先定一级指标，再定二级指标，逐步细化，直到满足研究主题需要。

（五）信度检测

作品分析中的信度检测是由两个以上研究者用自行设计的工具对同样的研究材料进行分析统计，比较其量化结果的一致性。

（六）评价与自我指导

根据研究问题与假设，选择样本、子目标，分析维度和信效度进行评价与指导自己的研究。

三、作品分析法的优缺点

（一）优点

1. 以作品为依据，具有客观性

在作品分析过程中，强调以研究对象的作品为依据，严格按照事先制订的分析单元和类别来记录客观事实，而不是凭借研究者的主观印象来记录，要求研究者充分了解作品背景，辨别作者的动机意图。

2. 按科学程序分析，具有系统性

按照一定程序对作品进行分析，包括选取样本、确定分析维度和目的，按分

析维度评判记录。作品分析结果用客观数据表达，以量化形式出现，用描述性语言讲解过程和结果，将其中表现的各种关系表达出来。

（二）缺点

1. 以静态研究为主，解释难度较大

作品分析法研究的是儿童已经完成了的作品，是一种静态研究。作品分析法虽然能够分析作品的内容、结构以及儿童的典型心理特点，但要解释却比较困难。

2. 受研究者自身“倾向性”影响，作品分析视角和结果具有多样性

作品分析结果会受研究者的研究目的、自身知识、理解能力、价值倾向等因素影响，特定作品可能因为分析者不同而变化；同一种作品可从不同视角和目的进行分析。

总之，由于幼儿的心理发展特点以及教师教育科研素质发展水平的制约，在学前教育科学研究中，观察法、作品分析法是非常适用的研究方法。作品是学前儿童内隐的，但又不能很好表达和表现的知识、技能以及心理特点的外在表现形式，通过作品分析就能获得所要的信息。因此，作品分析法是广大学前教育工作者应当掌握和广泛使用的一种研究方法。

【真题链接】

（2015年下半年）教师根据幼儿的图画来评价幼儿发展的方法属于（　　）。

A.观察法　　B.作品分析法

C.档案袋评价法　　D.实验法

B【**解析**】作品分析法是指研究人员有目的地为研究对象确定一个主题，研究对象按照预定程序完成作品，通过对研究对象的作品进行分析，获取研究所需要的信息，从而对研究对象的发展做出评价的一种教育科学研究方法。教师根据幼儿的图画来评价幼儿发展的方法属于作品分析法。

第四节 实验法

一、实验法的概念

实验法是指对研究的某些变量进行操纵和控制，创设一定的情境，以探讨学前儿童心理发展的原因和规律的研究方法，其基本目的在于揭示变量间的因果关系。

实验法是儿童心理研究的重要方法。在对学前儿童的研究中，人们通常采用观察法。尽管任何收集资料的方法都离不开对事物的观察，但单纯用观察法只能收集行为过程的表面现象资料不能主动控制因素，不能干预和操纵变量，因而很难深入探讨事物的因果关系；而实验法则是研究者在主动控制条件下对事物进行观察，它能对所观察的现象做出因果性的说明，进而探讨儿童发展的本质规律。

二、实验法的分类

（一）实验室实验法和自然实验法

实验室实验法是指在实验中严格控制条件，并借助专门的实验仪器记录儿童心理现象，并进行研究的方法。一般来说，实验室实验法多用于研究一些简单的心理现象，而对于研究人的个性方面的复杂现象，则有很大的局限性。

实验室实验法的特点主要有：随机取样和随机安排；对实验情境和实验条件进行严格控制；实验结果量化，记录客观、准确；使用大量的实验仪器。

实验室实验法最大的优点是能精密地控制实验条件，但缺点是有很大人为因素存在，有一定局限性。

自然实验法是介于实验室实验法和自然观察法之间的一种方法，又称现场实验法，是指在儿童日常生活活动（游戏、学习、劳动）的自然情况下，引起和改变影响儿童的某些因素，来研究儿童心理特征的变化。自然实验法是教育心理学最常用的一种研究方法。

教育心理实验是自然实验的一种重要形式。教育心理实验是儿童心理研究与一定的教育教学过程相结合，从而研究儿童在一定的教育教学过程的影响下，某些心理过程或个性品质形成和发展的规律的一种方法。自然实验特别是教育心理实验，是研究儿童心理的重要方法。

（二）绝对实验和比较实验

绝对实验和比较实验，这种区分是依据实验研究对象的性质而定的。

所谓绝对实验即确定一个心理量的绝对值，或确定某一现象的绝对存在的阈限值。比如对婴儿视敏度的测定、小班儿童闪光融合频率的研究等都是绝对实验。绝对实验一般不涉及实验设计。

比较实验关心的是个体之间的差异或比例。比如，在儿童心理发展研究中，比较4岁儿童和6岁儿童在皮亚杰的守恒实验中的表现有什么不同，或者比较不同性别的儿童的认知能力是否存在差异等。这些都是比较实验。在儿童心理发展研究中，同绝对实验相比，比较实验的使用更为频繁。正因为如此，我们平常说到的儿童心理发展实验都是指比较实验，并不特别强调比较两字。

三、实验法的程序（实施步骤）

（一）准备工作

1.选择实验的问题

教育的问题很多，我们要选择一个适当问题来研究，这个问题应该是通过调查和观察得到，对教育有深刻影响，并且适宜于用实验法实验的。例如，上海青浦顾泠源教学改革小组的“大面积提高数学教学质量的实验”就是通过三年调查得出的。

2.决定实验的形式和时间

实验问题选定后，要根据实际问题的性质，选择采用实验的形式。实验时间的长短，不仅由实际研究问题的性质而定，还取决于实验的形式。时间太长，各因素容易变化，难以控制；时间太短，难以保证实验结果的正确性。

3. 选定实验的参加人员

参加实验的人员包括主持实验的人员和实验的对象。

4. 准备实验的材料

实验材料除实验时所用的仪器和记录表格等以外，还指测量材料，它是衡量实验结果的重要工具。如果测量材料不准确，或者说，测量内容和实验研究的问题不相符合，就会影响整个实验的结果。

5. 制订实验计划

实验计划应包括以下几项内容：动机、目的、实验形式、时间、材料、经费及应注意的要点等。

(二)假说的提出

1. 假说用语的明确性

作为科研假说的用语，应当用陈述句的形式陈述出来，才能体现其明确性和严密性，才能使验证假说具有科学意义。

2. 假说的可验证性

实验假说必须能够通过实验验证。

3. 假说的充分性

首先，假说设想出的两个或多个变量之间的关系的命题的根据是充分的；其次，假说命题的成立是可能的；最后，假说命题本身应在逻辑上是无矛盾的。

(三)假说的形成

假说的形成既有经验基础，又有逻辑联系。

1. 假说的主要特征集中表现在推测性上

但是，这种推测不是凭空设想的，它是在科学观察和经验归纳的基础上所做的合乎逻辑的某种命题和命题体系。因此，假说可以通过类比、归纳、演绎等方法获得。

2. 经验基础为假说形成提供了认识论根据

经验虽然不是规律，但是经验之中往往藏有规律。要形成有研究价值的假说，其源泉是求教于经验和实践。

(四)实验实施

1. 测试(前测)与分组

对实验对象进行初次测试(前测)，一方面可以作为分组的依据；另一方面，可以作为与实验结束时的测试进行比较的材料。分组时一定要根据测试成绩，使各组参与者的各方面基本情况大致相同。.

2. 实验的控制

实验主持者对于实验进行的手续、实验主持者等加以控制，尽量避免干扰因素，以使该实验得到较正确的结果。

3. 实验的记录

对实验中发生的相关事项应如实记录，例如教学过程发生的事情，出席的人数等，以便核实实验结果时参考。

4. 实验后测试

在实验结束阶段，用与前测难度相同的试题，测量各组被实验者的能力，以考查各组被实验者由于实验的因素所产生的变化。然后，将被实验者的成绩作为后测，以便在核实实验结果时参考。

(五)资料的统计处理与检验

采用科学的统计方法对资料进行分析，先采用描述性方法进行统计，再用推断性统计方法检验自变量和因变量之间的关系。由于实验中对变量的控制很难做到完美无缺，因此不能达到实验结果很准确的地步，实验研究的真正价值的显现与确认需要通过检验。

(六)实验报告的撰写

实验经检验后，就可以验证假说，得出实验结论了。结论求得后，就可以将实验经过，实验成功的经验和失败的教训等情况，编制成报告，以供他人参考。

四、实验法的优缺点

(一)优点

(1)可人为创设条件,对某些自然观察中不易观察的情境现象进行研究,从而扩大了研究范围。

(2)实验室实验法能够严格控制和操纵变量,揭示变量间的因果关系,这是实验室实验法区别于其他研究方法的根本特点和优势。

(3)可重复验证,提高结论的科学性。

(4)实验结果用较为准确的数据说明问题,有说服力。

(二)缺点

(1)高控制导致环境"失真"。

(2)实验人员和实验过程带来负面效应。

(3)不可避免会存在样本不足和选择误差现象。

(4)实验研究中对变量的操纵难以排除人为的影响,导致实验情境与实际生活相脱离,在实验情景中观测到的效应不一定都能在现实自然情景中得到体现。因而实验研究结果的推广程度受到限制。

(5)实验研究中虽然对无关变量采用了多种方法加以控制,但仍无法排除所有无关变量的干扰。

(6)实验室研究很难用于研究一些复杂的心理现象,如在儿童道德发展研究中,被试容易意识到自己是在做实验,因而很难将真情实感表达出来。

【本章小结】

从上述分析可以看出,每种方法虽然有许多优点,但也有其固有的不足。在儿童心理发展研究中应当明确每种方法各自的价值,了解其优点与缺点,从而针对现实需要,根据研究目的、问题的性质、研究者的主客观条件等做出恰当的选择。同时,为追求研究结论的科学性,应尽力创造条件,为较多地运用各方法而努力。

【考点扫描】

年份	2017年上	2016年下	2016年上	2015年下	2015年上
分值					
知识点分布	简①			选①	选①
年份	2014年下	2014年上	2013年下	2013年上	2012年下
分值					
知识点分布			选①		
备注	"选"代表单项选择题,"简"代表简答题,"论"代表论述题,"材"代表材料分析题,带圈符号代表该知识点出现的频率。				

【模拟练习】

一、单项选择

1.学前教育研究最基本的方法是(　　)。

A.观察法　　B.实验法　　C.自然实验法　　D.调查谈话法

2.在儿童的日常生活和游戏中,创设或改变某种条件,以引起儿童心理的变化,这种研究方法是(　　)。

A.观察法　　B.自然实验法　　C.谈话法　　D.实验室实验法

3.所获的材料最真实自然的一种研究方法是(　　)。

A.实验法　　B.观察法　　C.谈话法　　D.测验法

4.通过分析儿童绘画、日记、作文以了解儿童心理的方法是(　　)。

A.实验法　　B.观察法　　C.作品分析法　　D.测验法

5.教师围绕某一教育现象,采用问卷、谈话、座谈等多种形式收集资料,并对所获得的资料进行定量、定性分析,指出所存在的问题,提出教育建议的研究方法是(　　)。

A.观察法　　B.谈话法　　C.作品分析法　　D.调查法

6.教师通过对幼儿绘画的分析来了解幼儿心理活动的方法是(　　)。

A.观察法　　B.谈话法　　C.作品分析法　　D.调查法

7.教师利用观察法、调查法、作品分析法等方法对班级个别儿童进行全面系统的研究，以揭示儿童发展普遍规律的研究方法是(　　)。

A.统计法　　B.谈话法　　C.个案研究法　　D.实验法

8.教师通过实物引导儿童有目的地感知客观事物，丰富感性知识，扩大眼界，锻炼感知觉，该教师运用了(　　)。

A.观察法　　B.演示法　　C.示范法　　D.范例法

9.对不具备语言表达能力的婴儿的行为的研究，常用的方法是(　　)。

A.实验法　　B.观察法　　C.测验法　　D.问卷法

10.(　　)是科学研究最基本的方法，是收集第一手资料的最直接的手段。

A.观察法　　B.实验法　　C.作品分析法　　D.谈话法

二、简答题

11.请简述谈话法的程序(实施步骤)。

三、论述题

12.请论述作品分析法程序(实施步骤)。

推荐阅读

[1]武云鹏，陈英敏，于洋，等.羞怯学前儿童幼儿园不适的探讨及应对策略[J].中国儿童保健杂志，2014(2).

[2]王滔，陈建文.不同压力情境下情绪应对策略的效果研究[J].中国特殊教育，2012(11).

第 10 章

幼儿身心发展中容易出现的问题

人的一生有两个重要的“断乳期”，一个是婴幼儿的生理断乳期，发生在1岁左右；第二个就是青春期的心理断乳期，发生在12岁以后。生理断乳期是第一次母婴分离，也是宝宝成长过程中的一个重要里程碑。从完全吸食母奶到断奶，习惯于母亲香甜的乳汁到彻底告别，孩子需要一个逐渐适应的过程，谨防不恰当断奶引发的各种断奶后遗症，如摸乳房、摸胳膊、摸耳朵、咬被角等不良习惯。此时，需要母亲采取正确的断奶方式并对断乳期间孩子出现的各种不良行为及时矫正，帮助孩子从生理到心理上戒断对母乳的依恋。下面，我们就来一起开始学前儿童身体发育和心理发展中容易出现的问题及预防的学习。

学前儿童身体在发育过程中，常常会出现各种问题，在心理发展过程中也容易出现各种问题，了解其形成的原因、表现，有助于教育者对学前儿童身心问题，及时干预。

【学习目标】

知识目标：

1.了解学前儿童身体在发育过程中，常常会出现的问题，并理解其概念、特征、类型等；

2.了解学前儿童在心理发展过程中常常会出现的问题，并理解其概念、特征、类型等。

技能目标：

掌握学前儿童身体发育和心理发展中出现问题的预防措施及干预方法。

【学习重点】

1.学前儿童身体发育中出现问题的预防措施及干预方法；

2.学前儿童心理发展中出现问题的预防措施及干预方法；

3.理解学前儿童身体发育和心理发展之间的联系，以便进一步提高和维护学前儿童的身心健康。

【知识结构图】

- 幼儿身心发展中容易出现的问题
  - 身体发育
    - 肥胖症
    - 发育迟缓
    - 佝偻病
    - 营养性贫血
    - 龋齿
    - 肺炎
    - 哮喘
    - 腹泻
    - 痱子
  - 心理发展
    - 情绪障碍
    - 睡眠障碍
    - 言语障碍
    - 品行障碍
    - 神经性习惯
    - 行为障碍
    - 其他心理障碍

第一节
幼儿身体发育中的常见问题与预防

一、儿童肥胖症

儿童肥胖症指儿童体内脂肪积聚过多，体重超过按身高计算的平均标准体重的20%。超过20%~29%为轻度肥胖，超过30%~49%为中度肥胖，超过50%为重度肥胖。

二、儿童发育迟缓

儿童发育迟缓指在生长发育过程中出现速度放慢或顺序异常等现象。在正常的内外部环境下儿童能够正常发育，一切不利于儿童生长发育的因素均可不同程度地影响其发育，从而造成儿童的生长发育迟缓。

【拓展阅读】

预防儿童生长发育迟缓的措施

（1）合理膳食。合理营养，全面均衡饮食，培养良好的饮食习惯，促进食欲。身长是头、脊柱和下肢的总和，是反应骨骼，特别是长骨生长的重要标志。当孩子营养不能满足骨骼生长需要时，就会减慢身长增长的速度。维生素D、钙和磷与骨骼生长关系密切，同时，碘和锌不足，也会造成孩子个子矮小。因此，从小就要注意孩子的营养是否全面。

（2）充足睡眠。脑下垂体分泌的生长激素是刺激孩子生长的重要激素。人体生长激素分泌在一天24小时内是不平衡的，其分泌量在睡眠时高于觉醒时。睡眠不足会影响孩子长个儿，一般初生儿每昼夜睡眠要求20小时，2~6月为15~18小时，6月~1岁半为13~15小时，1岁半至3岁为12~13小时，3岁~7岁为11~12小时。孩子每天所需睡眠时间，个体差异较大，如果有的孩子睡眠时间较少，但精神、情绪和生长发育正常，也不必强求。

(3)足量运动。运动能促进血液循环，使骨骼生长加速，促进身长的增长等。三四个月以前的孩子，每天应俯卧数次，以促进全身活动，且随着月龄的增长，要及时培养翻、爬、站、走等基本能力。孩子不应过久抱着或坐着，孩子抱着不便于活动全身，久坐会影响下肢发育。同时，孩子学会坐后，常常不愿学翻身和爬。经常锻炼身体也是增强体质的一个重要方式。

(4)控制疾病。很多疾病都会影响孩子身长的增长，一般急性病仅影响体重，慢性病则能影响身长。如经长期测量观察，孩子的身长始终低于同龄小孩平均身长的10%以上，则称为生长迟缓；低于30%以上，则属异常，都应及时诊治。

(5)先天遗传。一部分孩子的身长受遗传影响，男孩受遗传影响一般高于同龄女孩。因家族性矮小和体质性生长发育迟缓的，可通过各种调养，充分发挥生长潜力，可酌情使用生长激素。对于先天性遗传、代谢性疾病，应根据情况进行特殊治疗。

(6)改善环境。生活环境、社会文化、气候地区都会影响儿童生长发育，如在我国北方生长的孩子要高于在南方生长的孩子。居住在环境、文化水平较高地区的孩子，平均身高要高一些。因此，我们应积极改善生活环境，使儿童得到精神上的安慰和生活上的照顾。

三、儿童佝偻病

儿童佝偻病是维生素D缺乏性佝偻病的简称，而老百姓又常称之为“软骨病”，是婴幼儿时期常见的一种全身性疾病，由于体内维生素D不足，引起钙、磷代谢紊乱，产生的以骨骼病变为特征的全身、慢性、营养性疾病。初期表现以精神症状为主，如烦躁不安、易惊醒、多汗等，严重者可引起骨骼畸形。主要的特征是生长着的长骨干骺端软骨板和骨组织钙化不全，维生素D不足使成熟骨钙化不全。佝偻病很少直接危及生命，但因发病缓慢，易被忽视。一旦发生明显病变时，机体的抵抗力低下，易并发肺炎、腹泻、贫血等其他疾病。

【拓展阅读】

儿童佝偻病的预防

佝偻病使小儿抵抗力降低，容易并发肺炎及腹泻等疾病，影响小儿生长发育。因此，必须积极防治。预防佝偻病要从胎儿期开始，1岁以内的婴儿是预防的重点对象。

1.户外活动，日光照射。婴幼儿期预防的关键在于日光浴与适量维生素D的补充。婴儿出生后2~3周后即可让其进行户外活动，接受阳光照射，皮肤中的7-脱氢胆固醇经日光照射转变成VD，这是最廉价最安全的VD来源，每1平方厘米皮肤经照射半小时即可产生20ug VD，每日晒1~2小时即可满足需要。冬季也要注意保证每日1~2小时户外活动时间。研究显示，每周户外活动两小时，仅暴露面部和手部，也可维持婴儿维生素D浓度在正常范围内。

2.母乳喂养，添加辅食。婴儿出生后，提倡母乳喂养，一般应该坚持母乳喂养8个月。因母乳中钙、磷比例适宜，但乳类中维生素D含量极少。同时，还应合理添加辅食，选择含维生素D、钙、蛋白质丰富的食物，如蛋黄、动物肝脏、鱼虾、瘦肉、乳类、豆制品等来提高膳食营养。自婴儿出生后2周起，每日还应给宝宝口服维生素D，及时增服浓缩鱼肝油。

3.健康教育，家庭保健。健康教育采取积极综合措施，宣传维生素D缺乏的正确防治知识。做好家庭保健，克服养儿育儿的不良习惯，患儿不要久坐、久站，防止发生骨骼变形。提倡婴儿穿背带裤，防止肋骨外翻。定期检查身体，随时进行预防性用药，特别是冬春季节要适当补充钙和维生素D。要注意定期检查身体，早期诊断，早期治疗，在儿保医生的指导下给予适量的钙剂和维生素D补充。

【真题链接】

（2014年上半年）婴幼儿应多吃蛋、奶等食物，保证维生素D的摄入，以防止因维生素D的缺乏而引起（　　）。

A.呆小　　B.异食癖　　C.佝偻病　　D.坏血病

C**【解析】**呆小症往往因缺碘而引起，坏血病是缺乏维生素C引起，佝偻病是缺乏维生素D而引起。

四、儿童营养性贫血

儿童营养性贫血指因机体生血所必需的营养物质，如铁、叶酸、维生素D等物质相对或绝对减少，使血红蛋白的形成或红细胞的生成不足，以致造血功能低下的一种疾病。多发于6个月至2岁的婴幼儿、妊娠期或哺乳期妇女以及胃肠道等疾病所致营养物质吸收较差的患者。

【拓展阅读】

预防儿童营养性贫血的措施

虽然营养性贫血对婴幼儿的危害很大，但完全可以预防，关键是建立科学的喂养观。

1.加强护理，保证充足睡眠。提倡母乳喂养，及时添加辅食。

2.养成良好饮食习惯，合理配置膳食。纠正偏食、挑食、爱吃零食等不良习惯。

3.贫血患儿要预防意外感冒，应随气候变化及时增减衣服。重度贫血患儿应避免剧烈运动，注意休息。

4.饮食易消化，且富有营养。多食用含铁丰富且铁吸收率高的食品，如肝、瘦肉、鱼等，同时，注意富含维生素B12和叶酸的食物以及富含维生素C食物的添加，如新鲜蔬菜和水果。小儿还应多食豆类、菌类、粗粮以及海带、紫菜等食品。

五、儿童龋齿

儿童龋齿俗称虫牙，是口腔中的细菌和食物残渣共同对牙齿腐蚀，致使牙齿硬组织逐渐遭到破坏的一种疾病，为小儿的常见病、多发病。据调查结果显示，5岁儿童乳牙患龋率为66%；12岁年龄组儿童，患龋率为28.9%。龋齿如不及时治疗，会因牙疼影响儿童食欲、咀嚼，进而影响消化、吸收和生长发育，有时还会引起骨髓炎、齿槽脓肿等并发症，对儿童的身心将造成不同程度的损害。

【拓展阅读】

儿童爱牙五步曲

(1)坚持正确刷牙方式。预防龋齿最简单、最有效、最经济的方法就是刷牙,它可以保持口腔卫生,清除口腔中大部分的细菌,减少菌斑形成。"二三三制"正确刷牙法,即每天早晚两次刷牙,要刷牙的三个面:外面(唇颊面)、内面(舌面)、咬合面,正确方法是"上牙由上往下刷,下牙由下往上刷,里里外外都刷到,咬合面上来回刷",每次刷牙时间为三分钟。

(2)保证充足的营养。蛋白质是儿童生长发育的物质基础,钙、磷是牙齿、骨骼的主要构成部分。因此,孕妇和幼儿食用含钙、磷和维生素A、C、D丰富的食物,如蛋、鱼、虾、瘦肉、猪肝及水果等,对于调节儿童体内钙、磷代谢,促进钙、磷在牙齿和骨骼中的沉积,对预防儿童牙病有重要的作用。

(3)注意饮食平衡。日常生活中,尤其是临睡前尽量少吃精制糕点、糖果等甜食。多食用粗糙而富有维生素的食物,多吃五谷杂粮,使饮食多样化,这样不但对儿童机体代谢等功能有益,而且可以增强牙齿的咀嚼力,促使牙齿和牙槽骨、面颌的均衡发育。

(4)注意口腔卫生。它是预防龋病最关键的环节。口腔中的变形链球菌和乳酸杆菌,在口腔里残留的食物残渣上繁殖,发酵而产酸,使牙齿被腐蚀、软化、脱钙。牙齿脱钙后,便慢慢形成龋洞。因此,应教育儿童从小养成良好的口腔卫生习惯,坚持用含氟牙膏和保健牙刷刷牙,餐后和零食后漱口,睡前不吃糖和零食等。

(5)定期检查口腔。儿童牙病常见,但早期多无明显的自觉症状,仅在遇冷、热、酸、甜食时,牙齿有酸痛感,易被忽视,应定期带孩子到医院做口腔保健检查。一般半年一次,做到发现问题及时解决,有病早治,无病早防,降低龋齿的发病率,以确保儿童牙齿及身体的健康。

六、儿童肺炎

儿童肺炎指由病原体感染或吸入羊水及油类和过敏反应等所引起的肺部炎症,主要临床表现为发热、咳嗽、呼吸急促、呼吸困难以及肺部啰音等。小儿肺炎是小儿常见疾病中对生命威胁最大的疾病之一,年龄越小,并发症越多,病情越重。特别是在春夏之交，空气湿度较大，病原体易传播，肺炎发病率很高，更应引起家长们的重视。

七、儿童哮喘

哮喘又名支气管哮喘。支气管哮喘是慢性气道炎症，此种炎症常引起气道反应性增高，导致反复发作的喘息、气促、胸闷和（或）咳嗽等症状，多在夜间和（或）凌晨发生，此类症状常伴有广泛而多变的气流阻塞，可以自行或通过治疗而逆转。小儿哮喘，是指过敏体质者的支气管对某些物质产生高度敏感反应，使支气管痉挛，支气管内分泌物增多等，从而引起咳嗽、气喘、多痰等一系列临床症状。

八、儿童腹泻

婴幼儿腹泻，是婴幼儿期的一种胃肠道功能紊乱，以腹泻、呕吐为主的综合征，以夏秋季节发病率最高。本病致病因素分为三方面：体质、感染及消化功能紊乱。临床主要表现为大便次数增多、排稀便和水电解质紊乱。本病如治疗得当，效果良好，但不及时治疗以致发生严重的水电解质紊乱时有可能危及小儿生命。

【拓展阅读】

儿童腹泻预防及护理

孩子是父母的心头肉。孩子生病了，家长心里的滋味自然不好受。婴幼儿腹泻是一种常见病，相信每个孩子及其家长都经历过，预防及护理应遵循“预防脱水、纠正脱水、继续饮食、合理用药”原则。

1.及时补充液体

护理腹泻宝宝的时候要特别注意及时补充液体，防止因大便中的水分丢失过多而发生脱水。可随时喂水、米汤、果汁，最好服用口服补液盐。口服补液盐内含有葡萄糖、氯化钠、氯化钾等成分，可补充因腹泻、呕吐所丢失的电解质及体液，调节人体水、电解质和酸碱平衡。

2.合理调整饮食

腹泻宝宝饮食治疗的原则是：调整饮食、继续进食。母乳喂养的宝宝应继续母乳喂养，若宝宝不是母乳喂养，可以在医生建议下转用腹泻奶粉。家长要注意孩子的饮食卫生。轻型腹泻停止喂养不易消化的脂肪类食物即可;呕吐、腹泻严重时应暂禁食,以利于肠道休息,禁食时间一般不超过6~8小时。停止禁食后,非母乳喂养者可先给米汤、稀释牛奶或脱脂奶粉等;母乳喂养者可暂停辅食,适当延长喂奶时间。病情好转后逐渐恢复正常饮食。

3.做好消毒卫生

护理感染性腹泻的宝宝,应做好消毒隔离,食具、水杯、水瓶要经常消毒。衣物要勤洗、勤晒。宝宝每次排便后,妈妈都要用温水(尽量不要用肥皂或消毒液)清洗小屁屁,最好用柔软清洁的棉尿布,且要勤换洗,以免发生红臀及尿路感染。

4.加强心理指导

医务人员会及时向家长说明病情和各项检查、治疗目的,是为了消除家长的疑虑、焦虑和恐惧心理。同时,家长要多跟患儿交流,避免幼儿因腹泻带来的心理压力与负担。

九、儿童痱子

儿童痱子指由于夏季气温高、湿度大,身体出汗过多,不易蒸发,汗液浸渍表皮角质层,致汗腺导管口闭塞,汗腺导管内汗液储留后,因内压增高而发生破裂,汗液渗入周围组织引起刺激,于汗孔处发生疱疹和丘疹产生痱子,除手心、脚底以外都可产生痱子,常发生在头皮、前额、颈、胸、臀部、肘弯等皱褶易出汗的部位。

【拓展阅读】

预防痱子的措施

痱子虽然不是什么大毛病,但是皮肤灼痛,痒得厉害,使人十分难受,影响工作和睡眠,特别是婴幼儿,生了痱子更容易吵闹不停,白天晚上都不得安宁,那么,如何预防及护理婴幼儿痱子?

1.衣。盛夏季节,给宝贝穿着的衣服要格外谨慎,最好是棉质、柔软、透气、宽松的衣服,并要及时更换。同时选购高品质、透气性强的尿不湿,并随时观察孩子的小屁屁有没有出现红点,只有散热性好,棉柔舒适的尿不湿才能有效预防痱子的产生。

2.食。在炎热季节,妈妈不妨给宝宝多多喂食凉开水,也可以DIY些果汁或者绿豆汤、金银花茶、菊花茶等清热解毒、口感清新的饮料。多喂食诸如冬瓜、黄瓜、西瓜这类清淡容易消化的食物，不要喂食太油太腻的食物。

3.住。在平时，妈妈要经常给屋子，特别是宝贝的房间通风换气，让房间保持凉爽，避免室内温度太高，若条件允许，则使用空调进行调节。在炎热季节，幼儿出汗多，就更容易诱发痱子，建议妈妈经常给他擦汗，并且每日用温水给孩子洗2次以上的澡。

4.行。宝宝的皮肤稚嫩，直接暴露在炎热的空气中，易出痱子，因此建议给孩子擦上幼儿专用防晒霜，同时给孩子佩戴好防晒工具，保护好皮肤。建议不要时刻将孩子抱在怀中，防止热量聚集在幼儿身上。

第二节 幼儿心理发展中的常见问题

对于3~6岁的孩子，家长最关心的是孩子的身体健康，很容易忽视孩子的心理健康与心理发展。而儿童期是个体身心健康发展的重要时期，是个体感知觉发展、情绪情感发展、人际交往能力发展以及人格形成的起始阶段。俗话说，好的开始是成功的一半，所以在儿童期奠定孩子心理健康发展的方向对于孩子的一生至关重要。但是在现实生活中，由于家长的忽视和社会宣传的缺乏，大家对儿童期孩子的心理健康认识还处在一个较低的水平。随着自闭症、多动症等儿童期心理问题的发病率不断攀升，儿童期孩子的心理健康问题也引起了家长和社会的关注。

一、儿童情绪障碍

儿童情绪障碍是发生在儿童期以恐惧、焦虑、抑郁或躯体功能障碍为主要临床表现的一组疾病。过去的文献多称为儿童神经症。由于儿童心理生理特点及所处环境的不同，儿童情绪障碍的临床表现与成人有明显差异。

（一）儿童期恐惧

儿童恐惧症是指儿童不同发育阶段的特定的异常恐惧情绪。表现为对日常生活中的一般客观事物和情境产生过分的恐惧情绪，出现回避、退缩行为。患儿遇到的事物与情境并无危险或有一定的危险，但其表现的恐惧大大超过了客观存在的危险程度，并由此产生回避退缩行为，从而严重影响患儿的正常学习生活和社交等，这种恐惧，具有显著的发育阶段特定性。

表10-1:不同年龄的儿童的恐惧对象

年龄	恐惧对象
0~6个月	巨声、失去支持
6~9个月	陌生人
1岁	分离、外伤、如厕
2岁	幻想中的生灵、死亡、强盗
3岁	狗、孤独一人
4岁	黑暗
6~12岁	上学、外伤、自然灾害、社交

(二)分离焦虑

1. 分离焦虑的界定

分离焦虑是指婴幼儿因与亲人分离而引起的焦虑、不安等不愉快的情绪反应,又称离别焦虑。多伴随烦躁不安,害怕想象中的危险,哭泣,脾气大等。有的还伴有做噩梦、恶心呕吐、食欲不振、多汗、乏力等症状,是婴幼儿焦虑症的一种类型,多发病于学龄前期。幼儿从家庭迈入幼儿园,环境有了巨大的改变,被称为“心理断乳期”。

2. 预防儿童分离焦虑的措施

分离焦虑是幼儿时期常见的心理问题之一,当宝宝与父母或主要照顾者分开时,容易出现焦虑的情绪表现,一旦处理不当,将对宝宝日后的人际互动与生活造成恶劣影响,下面介绍5个应对宝宝分离焦虑的方法:.

(1)承诺,时间。父母要尽可能遵守自己对宝宝的承诺。即使真的无法施行,也应该及时让宝宝了解自己的状况,以免加重宝宝的分离焦虑。父母应该将自己的时间安排说给宝宝听,让宝宝了解父母亲还会再回到他的身边。

(2)安全,再见。确信分离环境的安全性。如果要安排宝宝独睡,必须先确认睡眠的环境是否安全、安适。如果要将宝宝托给保姆或托育中心来照顾,也应该先确认替代照顾者不要超过2人,而且能经常陪伴在宝宝身旁,另外托育环境的安全也不容忽视。父母要记得在分开时与宝宝说“再见”,这对宝宝来说是很重要的承诺,也是宝宝对大人产生信心的基石。即使已经处在焦虑的分离情绪中,也要记得跟宝宝说“再见”,因为这是与宝宝建立信任的好机会,千万不要偷偷或强硬与宝宝分开。

(3)依恋，安抚。带上喜欢的物品。有些宝宝很喜爱他自己的玩具，有些宝宝则更依恋自己的小被子。因此，在宝宝与父母短暂分离的时候，不妨让宝宝带着这些能为他带来安定、信任感的物品。在必须和宝宝分离的情况下，最好给宝宝一点适应的时间，建议父母先陪伴宝宝，直到他比较放松后再离开。当然，如果能预先让宝宝有心理准备就更好了，如果能早早建立起"预告"与"预先熟悉新事物"的习惯，就能让宝宝在未来的生活中更为顺利。

(4)读书，预知。平时可和宝宝一起阅读与分离焦虑有关的故事，让宝宝在阅读过程中增进对分离的了解和处理方式。提前告知小孩上幼儿园的事，或是要与小孩分开一段时间，什么时候离开，什么时候回到小孩身边，父母亲做什么，小孩和谁在一起，让小孩心里有数。还可提前告知学校、学前班或者日托中心，你家孩子有分离焦虑的情况，学校会给孩子提供帮助。

(5)陪伴，游戏。平时，父母要有意识地付出努力来帮助孩子建立起他的自尊心，父母应该给他足够的关注和陪伴。对于年龄较大、已经学习行走的宝宝，父母可和小孩玩躲猫猫或藏东西的游戏，有助于让宝宝建立物体恒存的概念，明白东西不见了还可以找到、父母离开还会再回来。还可运用游戏让宝宝适应分离，可以用闹钟计时，从1分钟开始，慢慢拉长与宝宝分开的时间，让宝宝逐渐适应分离的情境。

【真题链接】

(2017年上半年)初入园的幼儿常常有哭闹，不安等情况，说明这些幼儿表现出了(　　)

A.回避型依恋　　B.抗拒性格　　C.分离焦虑　　D.黏液质气质

C**【解析】**分离焦虑是孩子离开亲近的人时出现的一种消极的情绪体验。最亲近的人从视线中消失了，孩子就会一下子不安起来，会用喊叫、哭闹来表达自己的焦虑，呼唤亲人的出现，与题干中表述相同。

二、儿童睡眠障碍

(一)夜惊

儿童夜惊属于睡眠障碍，俗称"撒癔症"，男孩夜惊多于女孩。主要表现为，儿童入睡不久，在没有任何外界环境变化的情况下，突然哭喊出声，两眼直视，并从床上坐起，表情恐惧。不易唤醒。对他人的安抚不予理睬。发作常持续数分钟，醒后完全遗忘。4~7岁的儿童较为多见。

预防儿童夜惊的措施：

（1）改善睡眠环境。睡眠质量的好坏直接影响着孩子身体和大脑的发育。良好的作息习惯和睡眠卫生（包括睡觉时不要开着灯，室内空气流通，睡姿正确，睡前不要吃过多的东西，等等），能够促进大脑正常发育并使其得到充分的休息。

（2）消除心理诱因。排除了生理和身体上的因素，父母们就要尽量避免那些可能引发夜惊症的事情发生，从客观上解除孩子心理的压力。同时，以讲故事、做游戏的方式，对孩子进行有针对性的心理疏导，让他们解除焦虑、放松身心，培养他坚强的意志、开朗的性格。在上床后，家人亲切地陪孩子说说话，或共同听一段轻松的音乐，往往能让孩子心情愉快地入睡，这是避免夜惊的好方法。

（3）增加白天运动量。白天适度增加孩子的运动量，不仅可以增强体质，还能促进脑神经递质的平衡。而且孩子白天的活动多了、累了，晚上也容易入睡，有利于提高睡眠质量。同样，合理膳食，补充含钙，维生素B1、B6等物质的摄入量，也有利于改善夜惊不良现状。

（4）治疗躯体疾病。对于夜惊的儿童，一般不需要药物治疗，随着儿童年龄的增长，大多数儿童的夜惊会自行消失。但少数儿童的夜惊不属于睡眠障碍，而是癫痫发作的一种形式，如经常发生夜惊，在白天精神行为也有异常，应及时去医院诊治。

（二）梦魇

儿童梦魇是指以做噩梦为主要表现的一种睡眠障碍。多见于学前期儿童。做噩梦时伴有呼吸困难，心跳加剧，自觉全身不能动弹，常被惊醒。醒后仍有明显的情绪失常，紧张、害怕、出冷汗、面色苍白等。对梦境有片断记忆。

预防儿童梦魇的措施：

发现宝宝梦魇，父母要尽快唤醒他，温柔地拥抱他，安慰他，告诉他：“这是做梦，不是真的，妈妈在，不要怕。”等宝宝情绪稳定后，再让他入睡。也可以给宝宝讲一个轻松、温暖的小故事，让宝宝在良好的心理状态下重新入睡。一般来说，随着年龄的增长，宝宝大脑的发育逐渐完善，梦魇的发生也自然会减少或停止。

三、儿童言语障碍

(一)语言发育迟缓

儿童语言发育迟缓指由各种原因引起的儿童口头表达能力或语言理解能力明显落后于同龄儿童的正常发育水平。一般认为18个月不会讲单词,30个月不会讲短句者均属于言语发育延迟。

预防儿童语言发育迟缓的措施:

儿童语言的获得和发展,是儿童对语言符号的感知、理解、掌握并加以运用的过程。儿童学习语言的过程与儿童的生活环境是分不开的,如果脱离了后天的语言环境,儿童学习语言就会受到很大的影响,甚至无法掌握语言。另外,儿童学习语言、掌握语言还与他们的性格、智力、爱好、兴趣有关,有些环境对某一类儿童可能适合,而对另一类儿童可能就不太适合,所以语言环境调整的根本目的在于改变那些不适合于儿童学习语言的不良环境,使之适合于儿童,从而改善儿童的语言学习状况。家长可以通过以下方法改善儿童语言训练的环境:

(1)改善家庭内外的人际关系,给儿童创造一个和谐、温暖、健康的家庭生活环境。

(2)培养儿童健康的性格,良好的兴趣和良好的交往态度。

(3)改善对儿童的教育方法。

(4)帮助儿童改善交往态度和社会关系。

(5)改善和帮助儿童克服不良的兴趣、爱好和行为习惯

(二)口吃

口吃(俗称“结巴”“磕巴”)是一种言语障碍,表现为非自愿重复(语音,音节,单词或短语)、停顿、拖长等。

四、儿童品行障碍

(一)儿童攻击性行为

儿童攻击性行为也称侵犯行为,是指个体有意伤害他人身体与精神,且不为社会规范所许可的行为 。通常指因为欲望得不到满足,采取有害他人、毁坏物品的行为。儿童攻击性行为常表现为打人、骂人、推人、踢人、抢别人的东西(或玩具)等。儿童的攻击性行为一般在3~6岁出现第一个高峰,10~11岁出现第二

个高峰。总体来说，攻击方式可分为暴力攻击和语言攻击两大类，男孩以暴力攻击居多，女孩以语言攻击居多。

预防儿童攻击性行为的方法有：

(1)沟通交流教育。家长应该耐心地与宝宝进行交流。一旦发现宝宝的攻击行为时，首先应该问清楚事情的原委，然后教给宝宝相应的正确的处理方法。很多时候孩子争吵的原因是为了争抢玩具，这时大人应该出面进行调解，如“先让弟弟玩一会，等一下我们再玩”。另外，家长应在日常生活中培养宝宝讲礼貌，特别注意培养孩子的同情心和爱心。这可以利用在动物园观看小动物的机会进行;在生活中，家长也不要一味扮演“永远不会受伤的人”的角色，磕到碰到时，采取一些巧妙的方法让孩子来关心自己;爸爸和妈妈还可以引导孩子来关心对方;家长还应注意不要在孩子面前有互相攻击的行为。这样一种温馨、安全的家庭氛围一定能够有效减弱孩子的攻击倾向。

(2)鼓励并带领孩子学会交往技巧。家长要保证宝宝有足够的时间与同伴交往。家长在宝宝与同伴交往时，要留心观察宝宝遇到的问题，看看宝宝是怎么解决这些问题的，或者巧妙地询问宝宝，然后和他一起分析。这样孩子才能逐渐培养起自己解决冲突的能力和社会交往能力。

(3)良好的行为习惯是塑造出来的。婴幼儿的行为可塑性非常强。家长要相信教育是能够让宝宝形成正确的行为习惯和良好性格的。家长要多从孩子的角度和自己的教育方法上来进行分析，例如“孩子是什么时候开始有这种行为的?”“孩子出现了这样的行为，是不是受到了家长的不良行为的影响?”“孩子的错误改不过来，是不是我的教育方法存在问题?”等等。只要家长多付出一点爱心和耐心，使用恰当的教育方法，为孩子做出好的榜样，为孩子营造良好的环境，就一定能使孩子健康成长。

(4)家长做好榜样。一些心理专家认为，儿童的攻击性行为是通过观察别人的攻击行为模式而学习来的，就是说“模仿”和“强化”是儿童攻击性行为发生、发展和维持的重要机制。还有一些心理学家则认为，攻击性行为是儿童对于挫折的反应，常常是由于儿童想要达到的行为目标受阻而引起的，是宣泄紧张、不满情绪的消极方式。由此，成人要以身作则，不可采用武力的方式对儿童进行教育，尤其不能在儿童情绪激动时强迫他接受教育，以暴制暴，而应转移他的注意力，当他情绪平静下来时，耐心加以引导;多给儿童体验成功的机会，减少挫折感。

(二)说谎

说谎是指儿童有意或无意地讲假话。

面对说谎的孩子,家长要做好以下几点工作:

首先,针对说谎的孩子,家长要及时揭穿儿童的谎言,不让其谎话得逞,但一定要把握好自己的情绪,用冷静、温和的态度去和孩子交谈。孩子的成长不可能是一帆风顺的,不可能不犯一些错误,作为家长,绝不能苛求孩子不犯错误。和犯错误的孩子交谈,一定要带着这个教育理念。具备这样的家教理念,你就不会情绪很激动,或紧张或愤怒,以致做出冲动的行为,从而对孩子造成心理伤害。

其次,为孩子构建心理安全空间。父母一定要为孩子的成长创设一个心理安全空间。父母的爱要让孩子感到安全。如果父母的言行能让孩子感到:在爸爸妈妈这里,我是安全的,我不会受到伤害,我什么话都可以说,不论我说对还是说错,在他们这里,我都能得到心理支持或不受到伤害。孩子就不需要用“说谎”来保护自己了。

最后,关注孩子的需要。孩子的心理需求,要及时给予满足。物质需求,要视情况而定,不能满足时,一定要花时间,与孩子沟通。简单或粗暴的拒绝方式,对这个年龄段的孩子已不太有效果。他们会尝试采用其他方法,如偷偷拿家里的钱,去买他们想要的东西。因为他们在长大,他们的办法也比以前更多了。

五、儿童神经性习惯

(一)吮手指

儿童吮吸手指在婴幼儿时期,吮吸手指是一种很常见的不良行为,到二三岁以后,这种现象大大减少,但是有一部分儿童在饥饿、寂寞无聊、焦虑不安、疼痛或身体不大舒服的时候,仍然会吮吸手指。如果偶然发现这种行为,或持续时间不长,属于正常现象,随着年龄的增长会逐渐消失。如果孩子这种不良行为得不到及时纠正,那么,这种不良行为就会固定下来。但如果随着年龄的增长,孩子依然吮吸手指玩乐,说明孩子出现了行为上的偏移,形成了顽固性的习惯。

预防婴幼儿吮手指的有效方法:

(1)尽量满足孩子被爱被关注的需求。如多与孩子交流感情,进行肌肤接触,如陪孩子做游戏,带孩子郊游;睡前给孩子以温情,让他能愉快地入睡,使孩子有一种安全感、满足感与幸福感。

(2)为孩子提供合适的玩具和场所。借此鼓励儿童多与同伴一起玩耍,安排一些合适的手工活动,尽量使他们的手不空闲。

(3)厌恶疗法。可在孩子经常吮、咬的手指上放一些胡椒粉,或涂些黄连水等苦味剂,或缠上些胶布,使之在吮、咬时产生一种厌恶感,可减少或消除这种行为。

(4)负性活动练习。规定患儿在一段时间里反复不停地吮、咬手指,直至感到不舒服、不愉快,促使其慢慢改掉这一习惯。

(5)正确的教育与强化 。在对孩子进行矫治时,态度要亲切,语言动作要轻柔,不要大声呵斥、恐吓、打骂。另外,当孩子在矫治的过程中有所进步时,应及时给予表扬与鼓励。

(二)咬指甲

婴幼儿经常会不由自主地咬去长出的指甲,甚至吃掉指甲。在3~6岁幼儿中较多。咬指甲是儿童时期很常见的不良行为,男女儿童均可发生。程度轻重不一,重者可引起局部出血,甚至甲沟炎。爱咬指甲的孩子常伴有睡眠不安和抽动。

(三)遗尿症

1. 遗尿症的概念

一般情况下,孩子在3~4岁开始控制排尿,如果5~6岁以后还经常性尿床,每周2次以上并持续达6个月,医学上就称为“遗尿症”。夜遗尿是一种常见病,在我国,男孩比女孩患此病的概率高。小儿遗尿分为原发性遗尿和继发性遗尿,原发性遗尿是指小儿从小至就诊时一直有遗尿,而继发性遗尿是指小儿曾经停止遗尿至少6个月,以后又发生遗尿。

2. 儿童尿床的行为疗法

(1)排尿中断训练。鼓励孩子在每次排尿中间中断排尿,自己从1数到10,然后再把尿排尽,这样能训练并提高膀胱括约肌控制排尿的能力。

(2)忍尿训练。白天让孩子多饮水,当有尿意时,让他忍住尿,每次忍尿不超过30分钟,每天训练1~2次,使膀胱扩张,增加容量,从而减少夜间排尿的次数。

(3)定时训练。在以往晚间经常尿床的时间,提前半小时用闹钟结合人为叫醒,让其在室内来回走动,或者用冷水洗脸,使其在神志清醒状态下把尿排尽,目的也是为了建立条件反射。

(4)家长要及时发现孩子尿床。督促孩子自己排空残余尿、擦干局部、更换内裤及干床处理。

(5)总结记录。家长每天记录尿床的原因、次数,在日程表上对尿床、不尿床都做个记号,每周总结一次,找出原因,当孩子有进步时应给予鼓励。

(6)争取晚上少喝水。另外,养成良好的作息习惯和卫生习惯也非常重要,避免过度疲劳,掌握尿床时间和规律,夜间用闹钟唤醒患儿起床排尿1~2次,逐渐养成自控排尿的习惯。白天睡1~2小时,白天避免过度兴奋或剧烈运动,以防夜间睡眠过深。

【真题链接】

(2016年下半年)豆豆在幼儿园经常尿床,教师恰当的做法是(　　)。

A.了解豆豆尿床的原因,和家长共同商量办法

B.提醒其他小朋友,不要像豆豆一样尿床

C.适当批评豆豆,以帮助豆豆养成良好的习惯

D.要求家长把豆豆带去治疗,治好后再回幼儿园

A**【解析】**幼儿园教育,教师应多以肯定、鼓励、表扬为主,一般看见带有否定的、批评的、拒绝的等字样,都是不恰当的做法。结合题干,加以分析,故本题答案选A。

(四)抽动症

1.抽动症的概念

抽动症指局限于身体某一部位的一组肌肉或两组肌肉出现抽动。表现为眨眼、挤眉、皱额、咂嘴、伸脖、摇头、咬唇和模仿怪相等,多见于5岁以上的儿童,男孩多于女孩。

2.预防婴幼儿抽动症有以下方法

(1)转移注意力。临床观察发现,抽动症的症状在紧张着急时加重,放松时减轻,睡眠时消失。因此,当儿童抽动发作时,不要强制其控制,最好采用转移

法，如发现患儿抽动明显时，可让他帮你把报纸递过来或做些轻松些的事。这样通过减轻由抽动带来的紧张、焦虑和自卑感，通过肢体的有目的的活动而逐渐减轻和缓解抽动症状。

（2）认知支持疗法。儿童常因挤眉弄眼等抽动症状而自卑，他们不愿出头露面，社交退缩。越紧张自卑，症状越严重，症状越严重就越紧张自卑，患儿在这种恶性循环中感到痛苦。如果此时父母还唠叨、过分限制、没完没了地指责，尤如雪上加霜。所以，最好的办法就是打破恶性循环，通过在心理医生的指导下，父母与儿童一起分析病情，正确认识抽动症的表现就像躯体感冒发烧一样是一种病，并不是坏毛病。逐渐增强克服疾病的信心，消除自卑感。事实证明这是促进疾病康复，避免对儿童心理发展造成影响的有效方法。

（3）心理治疗法。本病对人格的不良影响十分常见，有的在抽动控制后仍不能适应社会。所以应强调对身体治疗的同时，注意心理治疗。心理治疗包括行为治疗、支持性心理咨询、家庭治疗等。帮助患儿家长和老师理解疾病的性质和特征，减缓或消除父母的担心和焦虑。合理安排患儿日常的作息时间和活动内容，避免过度紧张和疲劳。对于发生抽动的患儿可进行闭口，有节奏缓慢地做腹式深呼吸，从而减少抽动症状。

六、儿童行为障碍

（一）多动症

1. 儿童多动症的概念

儿童多动症（简称多动症），又称注意缺陷多动障碍，是一种常见的儿童行为异常问题。这类患儿的智力正常或接近正常，但学习、行为及情绪方面有缺陷，主要表现为与年龄和发育水平不相称的注意力不易集中、注意广度缩小、注意时间短暂，不分场合的活动过多、情绪易冲动等，并常伴有认知障碍和学习困难。该症于学前起病，呈慢性过程。该症不仅影响儿童的学校、家庭和校外生活，而且容易导致儿童持久的学习困难、行为问题和自卑，此类患儿在家庭和学校均难与人相处。如不能得到及时治疗，部分患儿成年后仍有症状，明显影响患者学业、身心健康以及成年后的家庭生活和社交能力。国内外调查发现，该症患病率为3%~10%，早产儿童患此病较多。该病是一类以注意障碍为最突出表现，以多动为主要特征的儿童行为问题。一般在3岁左右就会发病。男孩多于女孩。

2. 预防儿童多动症的措施

(1)爱心浇筑。走近多动症孩子,用爱筑起沟通的桥梁。身患多动症儿童往往会存在一些心理障碍,因此在人际交往上能力较差,可能会形成孤僻心理,同时也可能会导致其他学生不爱与他亲近,所以他尤其需要更多的爱。而作为老师,更应该主动去接近孩子,了解孩子。让孩子知道他并不是一个人,老师是理解他的,是懂他的,使得他能慢慢地打开心扉,主动和老师沟通并说出自己的想法和心情等,能够把注意力转移并集中起来。

(2)支持。引导班上其他同学或身边朋友,营造一个温馨班集体。学生在学校接触最多的是自己的同班同学,因此,老师可以指导班干部去联系其他同学,共同探讨出一个可行性方案,帮助该生成长。如:班干部带头多与他接触,多关心他,玩的时候不要落下他等。同时也教导其他同学不要有歧视等的想法,以身作则,培养学生团结互助的友爱精神,让他感受到这个班集体的温馨,从而慢慢消除他的异常行为。

(3)游戏疗法。运用游戏治疗法,帮助疏导儿童过多的精力,多动症孩子之所以多动,一部分原因在于对学习的厌恶和精力过旺。游戏的过程中,儿童恰好可以通过运动在游戏中疏导一部分过剩的精力。同时,教师在设计和组织游戏的过程中也要注意结合学生的特色设定角色,对于这种多动的儿童来说,教师可以设计一些有固定并担当重任的角色给他尝试,使他能集中精力于自己的角色。也可以选择一些比较有爱心的角色,帮助孩子认识世界的美好,抑制孩子的冲动任性等行为,提高孩子的自制力。

(4)联合家长,共同帮助孩子成长。学生的社交场所除了学校外,主要就是家庭了,而家庭环境的营造对孩子的影响是很大的。作为教师,要向家长详细的了解孩子的发展情况,了解家长的教育辅导情况,而不只是把与家长的关系建立在家校联系本上而已。教师要常建议家长不管多忙,都要留一点时间给孩子,鼓励孩子说出自己内心的想法,从而真正了解孩子多动的症结所在,并结合学校给予有效的帮助。同时,家长应给孩子以合理的膳食,如多做点含微量元素和维生素的食物;尽量让孩子远离含铅的物质,避免铅的大量入侵;多和孩子玩一些有利于脑组织活动的游戏,尽量给孩子一些能加强自我控制力的角色,帮助疏导过剩精力和集中孩子注意力。总之,教师和家长要紧密联系起来,共同为了孩子的健康成长而努力。

(二)自闭症

1. 自闭症的概念

自闭症,又称孤独症或孤独性障碍等,是广泛性发育障碍的代表性疾病。孤独症的患病率报道不一,一般认为其比例为2~5人/万人,男女比例约为3∶1或4∶1,发生于3岁以内,起病缓慢,女孩症状一般较男孩严重。

2. 儿童自闭症的治疗

引发自闭症的原因复杂,而且尚未有很有效的治疗方法,专家建议如果孩子有自闭倾向或确诊为自闭症,需通过综合治疗尽量帮助孩子。从心理学角度来说,可通过感统训练帮助自闭症孩子获得感知觉的发展和协调。

(三)退缩行为

1. 儿童退缩行为的概念

退缩行为指胆小、害羞、孤独、不敢到陌生环境中去,不愿意与小朋友玩的不良行为。这种儿童对新事物不感兴趣,缺乏好奇心。

2. 预防儿童退缩行为的措施

(1)家长应培养儿童独立自主的能力,让孩子学会自己管理自己。锻炼孩子的力量和能力,培养孩子的勇敢精神,让孩子甩开处处依赖别人的"心理拐杖",独立行走。

(2)家长应鼓励孩子参加各种社会活动,多创造条件,使孩子能和其他小朋友一起玩耍,一起做游戏,并多陪儿童一起参加社交活动,让儿童适应公共场所的活动。对已经出现退缩行为的儿童,父母和教师应帮助他们克服孤独感,适应外界环境,在小伙伴之间建立和睦的人际关系。

(3)家长对孩子不要溺爱,以免养成过分的依赖性,也不可粗暴,以免使孩子恐惧不安,害怕与人接触。要鼓励孩子从小热爱集体,主动与其他小朋友一起活动,培养开朗的性格。家长和教师的亲切和信心,有利于孩子克服性格上的缺陷,塑造其开朗的性格。

(4)家长应对儿童在社交中出现的合群现象,给予奖励,逐渐增加他们的社会活动,克服退缩行为,经过多次社交实践和家长的正确心理引导,绝大多数有退缩行为的儿童,都可以成为性格开朗的人。

(5)对于经过上述治疗而治疗效果不理想的孩子,可在医生的指导下,服用抗忧郁剂,也可服用精神振奋剂。

七、其他儿童心理障碍

(一)拔毛癖

1. 拔毛癖的概念

拔毛癖是指儿童时期出现的经常无缘无故地拔自己的头发、眉毛等的不良行为。多见于四五岁以上的儿童。学龄前儿童中,男女患者各占一半;青春期前至青少年时期,女性患者较多,所占比例在70%到93%之间。现在有证据指出,拔毛癖与基因有关。

近年来报告的拔毛癖案例增加。全球人口中,拔毛癖患者比例的估计值已经从1%~3%上升到5%。

拔毛癖不仅影响外观,还有碍孩子的身心健康:被拔部位的皮肤容易发生感染,同时可能出现恶心、呕吐、便秘、腹痛等消化系统症状,这些问题必然会影响孩子的食欲和对营养物质的吸收,导致贫血或营养不良,最终影响身体的正常生长发育。患有拔毛癖的孩子还常常伴有其他心理问题,如抑郁、焦虑、强迫症等。

2. 儿童拔毛癖的治疗方法

首先,要消除患童紧张情绪,让他(她)积极地参加健康的娱乐活动或适当劳动,以分散其注意力。

其次,可适量给予镇静剂辅助治疗,或外用一些毛发刺激剂以促进毛发生长。同时,教给孩子握拳、放松肌肉、深呼吸等方法,对于拔毛癖的防治也相当有效。

一般来说,孩子在经过几次心理治疗和辅助治疗后,其症状都会大有好转,而且能主动配合治疗,再巩固一段时间,拔毛癖可逐渐减轻。

(二)性识别障碍

1. 性识别障碍概念

性识别障碍是指儿童对自身性别的认识与自己真实的解剖性别相反,如男性行为特征像女性,或持续否认自己具有男性特征。多见于3岁以上的儿童。

2. 性识别障碍形成原因

(1)生物因素

如性器官和出生前的激素环境,在很大程度上决定了性身份,但是一个稳定的、协调的性身份和性角色的形成也受到社会因素的影响，如父母的情感纽带角色以及亲子关系。

（2）当性别称呼和抚养方式混乱时，儿童会难以确定自己的性身份或性角色。

（3）错误的教养方式。家长对孩子采取了错误的教养方式，传达了错误的社会期望和行为要求，如按照女孩的社会角色要求男孩，按照男孩的社会角色要求女孩。

3. 婴幼儿性识别障碍预防

（1）家长应按照社会角色教育孩子，而不能按照自己的心愿来抚养教育自己的小孩。

（2）如果是生物因素，如激素分泌，先天性性器官问题，家长应带孩子及时就诊。

【本章小结】

由于在历年学前教育考试中只出现选择题，所以本章侧重阐述学前儿童身体和心理在发育过程中，可能会出现的各种问题并理解其概念，特征，类型。着重掌握学前儿童身体发育和心理发展中出现问题的预防措施及干预方法，以便进一步提高和维护学前儿童的身心健康。

【考点扫描】

年份	2017年上	2016年下	2016年上	2015年下	2015年上
分值					
知识点分布	选①	选①	选①		
年份	2014年下	2014年上	2013年下	2013年上	2012年下
分值					
知识点分布		选①			
备注	“选”代表单项选择题，“简”代表简答题，“论”代表论述题，“材”代表材料分析题，带圈符号代表该知识点出现的频率。				

【模拟练习】

1.儿童入睡不久，在没有任何外界环境变化的情况下，突然哭喊出声，两眼直视，并从床上坐起，表情恐惧。若叫唤他，不易唤醒。这是(　　)

A.癫痫发作　　B.夜惊　　C.梦游症　　D.梦魇

2.儿童对某些物体或情境产生过分激烈的情感反应，恐惧强烈、持久，影响正常的情绪和生活，特别是对到了某个年龄本该不再怕的事，仍表现惧怕。这就是(　　)。

A.儿童期恐惧　　B.儿童期恐惧症

C.多种恐惧症　　D.特殊恐惧症

3.幼儿在5岁以后，白天或者夜晚仍不能主动控制排尿，经常夜间尿床，白天尿裤，称(　　)。

A.大小便失禁　　B.尿床　　C.遗尿症　　D.失调症

4.口吃是一种常见的(　　)。

A.心理疾病　　B言语障碍　　C.行为障碍　　D.精神障碍

推荐阅读

[1]沈雪海.学前儿童心理发展分析与指导[M].上海：复旦大学出版社，2014.

[2]李传银，张倩，张桂敏.幼儿教育心理学[M].北京：科学出版社，2016.

参考答案

第一章参考答案

1.B【解析】学前心理学是研究从出生到入学前儿童(即0~6岁)心理发生发展规律的科学。

2.A【解析】略。

3.A【解析】略。

4.B【解析】1~3岁是言语的发生阶段,因此也是关键期。

5.B【解析】生理成熟对儿童发展的作用是为某种行为的出现或发展做好准备,其骨骼与肌肉的成熟水平决定儿童在1岁左右有可能学会走路。

6.【答案要点】发展具有方向性和顺序性,发展具有连续性和阶段性,发展具有不平衡性和个体差异性。

7.【答案要点】从简单到复杂,从被动到主动,从具体到抽象,从零乱到成体系。

8.【答案要点】个性会不同。儿童心理发展的影响因素既有客观因素,也有主观因素。客观因素主要是遗传素质、生理成熟、环境和教育的影响,主观因素主要是幼儿自身的心理状态和儿童心理因素内部之间的矛盾。双生子虽然在遗传因素上很接近,但是由于后天生活环境和所受的教育不同,在个性上不会相同。

第二章参考答案

1.D【解析】在行为发展的过程中,儿童行为得不到强化,行为就会消退。对于儿童的不良行为(如无理取闹和长时间啼哭)可以在发生时不予强化,使之消退。

2.D【解析】分离焦虑是孩子离开母亲时出现的一种消极的情绪体验。条件反射是婴儿最基本的学习方式。研究表明,婴儿出生后数天就能建立起条件反射。"客体永久性"是指儿童脱离了对物体的感知而仍然相信该物体持续存在的意识。

3.B【解析】根据皮亚杰的认知发展阶段理论,2~7岁的幼儿都处于前运算阶段。

4.D【解析】形式运算阶段的儿童思维是以命题形式进行的,能够根据逻辑思维、归纳或演绎的方式来解决问题,其思维发展水平已接近成人的水平。

5.A【解析】最近发展区的大小，是儿童心理发展潜能，可接受教育程度的重要标志。

6.皮亚杰的认知发展理论对我国学前教育的启示主要体现在：(1)强调活动的重要性；(2)强调兴趣和需要的重要性；(3)发现式教学方法；(4)强调智力发展是一种积极、主动的建构过程；(5)教育要符合儿童心理发展阶段，符合儿童心理发展的水平，避免儿童教育成人化的倾向；(6)发展儿童的主动性；(7)强调儿童的实际活动；(8)重视儿童的社会交往。

7.案例中的内容体现了学前儿童思维从具体到抽象的特点。根据皮亚杰的认知发展理论，学前儿童的思维主要是以形象思维为主，对物体的认识往往需要借助具体直观的材料，但数学知识却是一种高度抽象的知识，需要摆脱具体事物的其他无关特征才能获得。这与儿童对数学知识的理解恰恰需要借助于具体的事物，但容易受到具体事物的影响的特点正是一种矛盾。这种矛盾在低龄儿童身上体现得更突出。幼儿还不能从事物的具体特征中摆脱出来，从而抽象出数量特征，这种由事物的具体特征而带来的干扰，将随着他们对数学知识的抽象性质的理解而逐渐减少。

启示：幼儿学习数学必须借助具体事物，因此教师应该为幼儿提供多种学具、玩具，引发幼儿积极、主动地进行探索，注意采用多种教学方法，鼓励幼儿动手操作，及时对幼儿进行点拨。

第三章参考答案

1.C**【解析】**苏联教育家马卡连柯指出："教育的基础主要是在5岁以前奠定的……在这之后，教育还要继续进行，人进一步成长，开花、结果，而您精心培植的花朵在5岁以前就已绽蕾。"

2.D**【解析】**先天遗传和生理发展是人的心理发展的物质前提，后天的环境和教育是人心理发展的关键。

3.A**【解析】**1~1.5岁是单词句，1.5~3岁是多词句(其中1.5~2岁说"电报句"特别多)。

4.B**【解析】**幼儿主要通过感知、依靠表象来认识事物，具体形象的表象左右着幼儿的整个认识过程。

5.**【答案要点】**

(1)身长中心点随着年龄的增长下移；

(2)体围发育的顺序是由上而下、由中心至末梢；

(3)各器官系统的发育不平衡，具有先后快慢的差别。

6.【答案要点】

(1)从整体动作到局部、准确、专门化的动作；

(2)从上部动作到下部动作，即首尾规律；

(3)从中央部位动作到边缘部位动作，即近远规律；

(4)从大肌肉群动作到小肌肉群动作，即大小规律；

(5)从无意动作到有意动作，即无有规律。

7.【答案要点】

(1)从简单到复杂；

(2)从具体到抽象；

(3)从被动到主动；

(4)从零乱到成体系。

第四章参考答案

1.A【解析】儿童的直立行走是在无意动作基础上产生的，但是行走有有意动作的成分；儿童身体发展的趋势是抬头、翻身、坐、爬、走。

2.D【解析】儿童最初的动作是全身性的、笼统性的，以后动作逐渐分化、局部化、准确化和专门化，这种儿童动作发展的规律称为从整体到局部的规律。

3.A【解析】幼儿动作发展的近远规律就是指动作的发展先从头部和躯干的动作开始，然后发展双肩和腿部的动作，最后是手的精细动作。

4.【答案要点】

(1)幼儿身体发育是连续性和阶段性的统一；

(2)幼儿身体发育的速度是波浪式的；

(3)幼儿身体发育具有程序性；

(4)幼儿身体各系统的发育是不均衡的，但又是协调统一的。

5.【答案要点】

(1)从整体动作到分化动作的规律；

(2)从上部动作到下部动作的规律(首尾规律)；

(3)从中央部位动作到边缘部位动作的规律(近远规律)；

(4)从大动作转向精细化动作的规律(大小规律);

(5)从无意识的动作到有意识动作的规律(无有规律)。

第五章参考答案

1.C【解析】感觉的强调和夸张是5~8岁儿童绘画的特点之一。

2.D【解析】新生儿喜欢听人说话,尤其喜欢听自己母亲的声音,因为其特别柔和。

3.C【解析】婴幼儿的触觉主要有两种形式:口腔探索和手的探索。

4.C【解析】幼儿的观察比较模糊,细致性不强。

5.B【解析】幼儿的注意分配能力差,3岁幼儿自己活动时,来不及关心别人,只能单独玩。

6.【答案要点】

(1)无意记忆占优势,有意记忆开始发展;

(2)机械记忆为主,意义记忆开始发展;

(3)形象记忆为主,语词记忆开始发展;

(4)记忆策略的发展。

7.【答案要点】

(1)为幼儿提供形象、鲜明、生动、富有情绪色彩的识记材料;

(2)经常向幼儿提出具体、明确的记忆任务;

(3)帮助幼儿理解记忆的材料;

(4)运用多种感觉器官进行记忆;

(5)帮助孩子进行合理的复习,与遗忘做斗争。

8.【答案要点】幼儿想象发展的特点:

(1)以无意想象为主,有意想象初步发展;

(2)以再造想象为主,创造想象初步发展;

(3)从夸张的想象发展到合乎现实的想象。

幼儿想象的培养方式:

(1)丰富幼儿的表象,发展幼儿的语言表现力;

(2)开展多种艺术活动,创造幼儿想象发展的条件;

(3)在游戏中,鼓励和引导幼儿大胆想象;

(4)创造自由宽松的环境来保证幼儿自由创造。

9.【答案要点】

(1)龙龙的表现说明其明显处于具体形象思维阶段。上面的例子体现了其思维活动具有固定性和不可逆性。

(2)有意识地引导儿童从多角度思考问题;让儿童在生活实践中取得丰富的知识经验;在日常生活中有意识地让儿童通过自己的实践获得经验;结合日常生活给儿童准备各种材料。

第六章参考答案

1.B【解析】情绪具有不稳定性和外显性,往往由当时的情境所引起,一旦情境改变,情绪就会很快改变。同时,情绪有较为明显的外部表现。

2.D【解析】根据主体与客体之间关系的不同,一般可以把情绪划分为快乐、悲哀、愤怒、恐惧四种基本形式。

3.C【解析】活动、交往是幼儿期是幼儿情绪产生的重要因素。束缚孩子的活动、交往,容易导致幼儿的消极情绪产生,甚至形成冷漠、孤僻的性格。

4.C【解析】幼儿的情绪具有不稳定性的特点,容易受到外界刺激的影响,容易被他人的情绪感染。所以,教师要把他和其他孩子暂时隔离,以免影响其他孩子的情绪。

5.【答案要点】

幼儿的高级情感主要体现在道德感、美感和理智感三个方面。

(1)道德感。幼儿形成道德感是比较复杂的过程。3岁前,幼儿只有某些道德感的萌芽。3岁后,特别是在幼儿园的集体生活中,幼儿掌握了各种行为规范,道德感逐渐发展起来。

(2)美感。美感是人对事物审美的体验,它是根据一定的美的评价而产生的。在环境和教育的影响下,幼儿逐渐形成审美的标准。

(3)理智感。理智感也是人特有的情绪体验,是人类社会特有的高级情感。儿童理智感的发展,在很大程度上取决于环境的影响和成人的培养。一般来说,在幼儿5岁左右,这种情感明显发展起来。

第七章参考答案

1.D【解析】考查人的身心发展规律。不平衡性是指个体无论在生理还是心理发展方面,都具有非等速、非直线的特性。个体的发展不平衡的特点,主要表现为发展速度不均衡:同一方面,个体在不同年龄阶段某一方面发展不均衡;不同方面,达到某种发展水平或成熟的时期是不同的。

2.D【解析】考查皮亚杰道德认知发展理论,公正阶段儿童的道德观念倾向于主持公正、平等,是一种出于关心与同情人的真正的道德关系。

3.A【解析】班杜拉的社会认知理论认为,观察学习是儿童社会行为获得的重要方式。观察学习是指人通过观察他人(榜样)的行为及其结果而习得新行为的过程。

4.【答案要点】

因为《指南》中强调,在实施过程中需要把握以下几个方面:

(1)尊重幼儿发展的个体差异的原则。

(2)幼儿的发展是一个持续、渐进的过程,同时也表现出一定的阶段性特征。

(3)每个幼儿在沿着相似进程发展的过程中,各自的发展速度和到达某一水平的时间不完全相同。

(4)要充分理解和尊重幼儿发展进程中的个别差异,支持和引导他们从原有水平向更高水平发展,按照自身的速度和方式达到《指南》所呈现的发展“阶梯”,切忌用一把“尺子”衡量所有幼儿。

第八章参考答案

1.C【解析】补偿模式是指幼儿在某方面会有不足,但可由另一方面的强项去弥补和补偿,以求“失之东隅,收之桑榆”。

2.B【解析】幼儿智力差异主要表现为智力发展水平的差异、智力类型差异和智力表现早晚差异。智力的性别差异是幼儿性别差异的表现。

3.B【解析】幼儿智力差异主要表现为智力发展水平的差异、智力类型差异和智力表现早晚差异。该题中反映的是智力发展早晚的差异。

4.D【解析】个体差异形成的客观外界因素有环境、家庭、战争等等。该题中D选项反映的是个体差异的主观影响因素。

5.【答案要点】

(1)资源利用模式。

(2)治疗模式。

(3)补偿模式。

(4)个别化教育方案模式。

(5)性向与教学处理交互作用模式。

第九章参考答案

1.A【解析】观察法是学前教育研究最基本的研究方法。

2.B【解析】自然实验法又称现场实验法,是指在儿童日常生活活动(游戏、学习、劳动)的自然情况下,引起和改变影响儿童的某些因素,来研究儿童心理特征的变化。

3.B【解析】观察法能通过观察直接获取资料,很客观可靠。

4.C【解析】作品分析法是指研究人员有目的地为研究对象确定一个主题,研究对象按照预定程序完成作品,通过对研究对象的活动作品进行分析,获取研究所需要的信息,从而对研究对象的发展做出评价的一种教育科学研究方法。研究对象作品包括绘画、日记、作文、图画等等。

5.D【解析】题干符合调查法的概念。

6.C【解析】略。

7.C【解析】个案研究法是指对某一个体、某一群体或某一组织在较长时间里连续进行调查,从而研究其行为发展变化的全过程的研究方法。

8.A【解析】在教学中运用观察法,让幼儿直接与客体相互作用,可以丰富幼儿的感性经验,扩大幼儿的眼界,有效刺激幼儿的各种感官,锻炼幼儿感知觉的敏锐性和大脑机能,发展幼儿的智力。

9.B【解析】由于观察法不一定需要被观察者用言语做出反馈,适用于不具备言语表达能力的婴儿。

10.A【解析】观察法是幼儿教育研究的基本方法,应用最普遍。

11.【答案要点】

(1)谈话前的准备工作。

(2)进入谈话现场。

(3)进行正式谈话。包括提问、倾听、追问、回应和谈话记录等环节。

(4)结束谈话。

12.【答案要点】

(1)明确研究目标与研究主题。

(2)确定关键术语。

(3)作品抽样。

(4)设计与开发简易的研究工具。

(5)信度检测。

(6)评价与自我指导。

第十章参考答案

1.B【**解析**】夜惊属于睡眠障碍。主要表现为儿童入睡不久,在没有任何外界环境变化的情况下,突然哭喊出声,两眼直视,并从床上坐起,表情恐惧。若叫唤他,不易唤醒。对他人的安抚不予理睬。发作常持续数分钟,醒后完全遗忘。夜惊的发生与白天情绪紧张有密切关系,多由心理因素所致,如父母离异、亲人伤亡、受到严厉惩罚,使儿童受惊和紧张不安。睡前精神紧张,如看惊险电影、听情节紧张的故事,或被威吓后入睡,以及卧室空气污浊、室温过高、被盖过厚、手压迫前胸、晚餐过饱等均可引起发作。鼻咽部疾病导致睡眠时呼吸不畅、肠寄生虫等也可导致夜惊。

2.A【**解析**】恐惧是儿童面对各种环境比较常见的一种情绪反应,由孩子的身心发展水平所致。父母和孩子的分离,吓唬孩子的教育方法,把孩子独自关在一个光线较暗的房间里进行惩罚等,都有可能导致儿童产生恐惧心理。如果持续的时间过长,就可能患上恐惧症,对儿童的心理发展造成严重的不良影响。儿童对某些事物产生持续的、严重的恐惧反应,表现为适应行为异常和易出现焦虑、紧张不安。幼儿在恐惧状态下,常伴随一系列生理变化,如心跳加速或断续、呼吸短促或停顿、血压升高、脸色苍白、四肢无力等等,这种生理功能的紊乱会影响机体的健康状况;恐惧还可使幼儿知觉、记忆和思维发生障碍,行为失调,失去对情境正确分析和判断的能力。成人要根据儿童的认识特点,采用科学的教育方法,生动形象地对他们进行教育,禁止用吓唬、威胁的方法。

3.C【**解析**】幼儿在5岁以后,白天或者夜晚仍不能主动控制排尿,经常夜间尿床,白天尿裤,称“遗尿症”。引起遗尿的原因较多,主要有以下几种。心理因素:主要指精神方面受到创伤,如突然受惊、大病一场、对生活环境的改变不能适应等。训练不当:排尿过程的自主控制,既需要大脑发育成熟到一定的程度,也需要学习和训练。一般两三岁的幼儿就可以开始自行控制排尿,如训练方法不当,儿童没有形成良好的排尿习惯,亦可发生遗尿。遗传因素:研究发现,遗尿与遗传的关系密切,约有70%的遗尿患儿的一级亲属中有遗尿历史并有器质性遗尿症。因疾病所引起的遗尿症称“器质性遗尿症”，如蛲虫病、膀胱炎等等，均可使儿童不能主动控制排尿。

4.B【解析】口吃为常见的言语障碍。它的发生并非因发音器官或神经系统的缺陷，而是与心理状态有关。表现为正常的语言节奏受阻，不自觉地重复某些字音或字句，发音延长或停顿，伴随着跺脚、摇头、挤眼、歪嘴等动作才能费力地将字吐出。应从解除幼儿的心理紧张入手。避免因说话不流畅而遭到周围人的嘲笑、模仿以及家长、教师的指责或过分矫治。大人不要当众议论其病态，或强迫他们把话说流畅，不许结巴。这样只会适得其反，加重心理障碍。应安慰他们，使他们有信心克服。大人要用平静、从容、缓慢、轻柔的语调和他们说话，来感染他们，使他们说话时不着急，呼吸平稳，全身放松，特别是不去注意自己是否又结巴了。可以多练习朗诵和唱歌。